Conoce todo sobre electrónica básica

PROBLEMAS RESUELTOS

Conoce todo sobre electrónica básica

PROBLEMAS RESUELTOS

Julio C. Brégains

Paula M. Castro

La ley prohíbe
fotocopiar este libro

Conoce todo sobre electrónica básica. Problemas Resueltos
© Julio C. Brégains y Paula M. Castro
© De la edición StarBook 2013
© De la edición: ABG Colecciones 2020

Editado por:
StarBook Editorial
Madrid, España

Colección American Book Group - Ingeniería y Tecnología - Volumen 15.
ISBN No. 978-168-165-781-3
Biblioteca del Congreso de los Estados Unidos de América: Número de control 2019935291
www.americanbookgroup.com/publishing.php

Ajuste de maqueta: Gustavo San Román Borrueco
Diseño Portada: Antonio García Tomé
Arte: Freepik

A José y Rosa, por ese constante ejemplo de generosidad.

Gracias a mis hermanas, por su continuo apoyo.
A mi esposa Andrea y su inspiradora entrega.

J.C.B.

Para Domínguez y Adriana, gracias por vuestra ayuda.
Para Juan e Inés, siempre.
A mis padres.

P.M.C.

ÍNDICE

INTRODUCCIÓN

Este libro ha sido escrito bajo el convencimiento de que la enseñanza de asignaturas técnicas debe emprenderse desde un punto de vista intuitivo, sobre todo en casos en que dicha enseñanza se dirige a estudiantes no especializados. Cientos de libros técnicos de problemas resueltos colman las estanterías de las bibliotecas, y es común encontrarse en ellos con descripciones áridas, desoladoramente compactas. Lamentablemente, es un error común del especialista que escribe libros de enseñanza básica el evitar descripciones que su experiencia las interpreta como obvias, llegando a la desafortunada conclusión de que estas son innecesarias. Hay una explicación muy sencilla a dicho error: el especialista no tiene en cuenta la falta de experiencia del lector, olvida que los atajos y abstracciones que forman parte de su pensamiento usualmente están ausentes en el pensamiento del principiante. Gran parte de estos atajos serán adquiridos a través de la repetición, de la práctica continua de las técnicas y conceptos expuestos. Esa filosofía es la que aquí se persigue. El enfoque didáctico que se propone intenta ayudar no solo a que el material se asimile fácilmente, sino también a que, a través de la insistencia en encarar cualquier tema en estudio bajo la lupa de las preguntas "¿qué?, ¿cómo?, ¿qué significa?", el lector comprenda que el hábito de pensar y razonar los resultados obtenidos potenciará su capacidad de aprendizaje y despertará su espíritu crítico. Nuestra intención final es, naturalmente, que el hábito del razonamiento continuo termine formando parte de su rutina diaria de pensamiento, algo que redundará no solo en la mejora de su nivel educativo, sino también en la de sus capacidades profesionales.

Básicamente, hemos agrupado los problemas resueltos en cinco grandes bloques temáticos: circuitos de rectificadores con diodos, circuitos con transistores bipolares (BJT), circuitos con transistores unipolares (MOSFET), circuitos de rectificadores con diodos controlados (muy utilizados en electrónica de potencia) y amplificadores. Al final de cada ejercicio se incluye un resumen (excepto en casos en los que la brevedad del problema hace que dicha inclusión sea redundante), por lo que el lector que ya maneja las herramientas y conceptos detallados en la explicación presentada previamente puede comprobar rápidamente el grado de asimilación de los contenidos. Las explicaciones se completan con ilustraciones que ayudan a comprender mejor tanto los resultados como los propios planteamientos de los ejercicios, y que constituyen una herramienta indispensable en la adquisición de las competencias que deseamos en nuestros estudiantes.

Los autores.

Capítulo 1

DIODOS EN RECTIFICADORES

"Aprendí muy pronto la diferencia entre saber el nombre de algo y saber algo...".

Richard Feynman.

1.1. CONOCIMIENTOS REQUERIDOS

En este capítulo es necesario saber resolver correctamente problemas correspondientes a corrientes continua y alterna. También es necesario conocer el comportamiento del diodo y sus modelos (circuitos) equivalentes.

☑ **Diodo PN**: es un dispositivo de unión PN que permite el paso de la corriente en una dirección[1]. Posee dos terminales de conexión[2]: ánodo (**A**) y cátodo (**K**). El paso de corriente se produce cuando el potencial en el ánodo V_A es mayor que en el cátodo V_K.

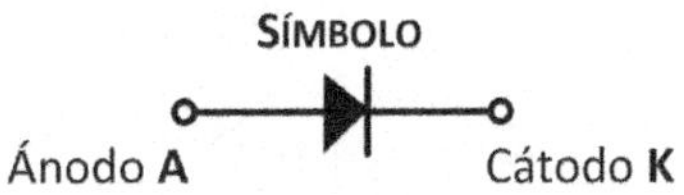

SÍMBOLO

Ánodo **A** ——▶|—— Cátodo **K**

---

[1] El diodo actúa de alguna manera como una válvula, ya que deja pasar la corriente de ánodo a cátodo, pero impide el paso inverso de la corriente.

[2] MNEMOTECNIAS: el símbolo del diodo indica: 1) que el ánodo se encuentra del lado del triángulo ▶ (que es similar a una A); 2) que el triángulo ya sugiere, de alguna manera, $V_A > V_K$ (la condición de conducción); 3°) que el triángulo sugiere, como la punta de una flecha, el sentido de la corriente cuando el diodo está polarizado en directa (en conducción).

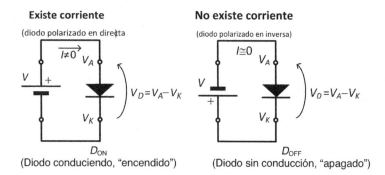

Existe corriente	No existe corriente
(diodo polarizado en directa	(diodo polarizado en inversa)

D_{ON}
(Diodo conduciendo, "encendido")

D_{OFF}
(Diodo sin conducción, "apagado")

☑ **MODELOS EQUIVALENTES DEL DIODO**: dependiendo de si el diodo se encuentra polarizado directamente ($V_A > V_K$) o inversamente ($V_A < V_K$)[3], es posible reemplazarlo por los circuitos equivalentes que se indican a continuación.

✓**MODELO LINEAL**:

  ✗ **CONECTADO EN DIRECTA**, el diodo se comporta como una resistencia R_f (Resistencia en Directa[4]) conectada en serie con una tensión V_γ (Tensión Umbral):

  ✗ **CONECTADO EN INVERSA**, se comporta como una resistencia R_r (Resistencia en Inversa):

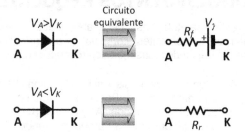

✓**MODELO DE INTERRUPTOR O DIODO IDEAL**:

  ✗ **CONECTADO EN DIRECTA**, el diodo se comporta como un interruptor conectado (Cortocircuito):

---

[3] En rigor, el diodo está polarizado en directa cuando $V_A - V_K \geq V_\gamma$ y en inversa cuando $V_A - V_K < V_\gamma$ pero como usualmente $V_\gamma \cong 0$, se toman las condiciones antedichas como válidas para polarización directa e inversa.

[4] La f en el subíndice R_f indica "*forward*", que significa "hacia delante" en inglés, mientras que la r en el subíndice R_r (ver definición de Resistencia en Inversa) indica "*reverse*", que significa "hacia atrás".

× Nótese que este modelo constituye un caso especial del modelo lineal, considerando $R_f = 0$, $V_\gamma = 0$, $R_r = \infty$.

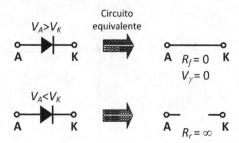

Problema DR. 1: rectificador de media onda

En el circuito de la figura, $V_i(t)$ representa un generador senoidal de $V_{ef} = 100$ [V] a una frecuencia $f = 50$ [Hz]. Suponiendo el diodo ideal y $R_L = 100$ [Ω]:

a) Hallar la expresión de la corriente en el circuito. Representar gráficamente dicha corriente y hallar su valor máximo.

b) Dibujar la forma de onda de la tensión en la carga R_L.

c) Calcular la tensión eficaz en la carga. Calcular la potencia consumida por R_L.

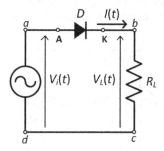

FIGURA PDR. 1.

PLANTEAMIENTO Y RESOLUCIÓN

a)   ¿Cómo se obtiene la corriente $I(t)$ que circula a través de R_L?

Como $V_i(t)$ varía periódicamente con el tiempo, hay que analizar el circuito para averiguar cuándo D conduce ($V_A > V_K$) y cuándo no lo hace ($V_A < V_K$); esto determinará el comportamiento de $I(t)$. Un valor de V_i positivo (ver siguiente figura) implica que el potencial en el punto a es mayor que en d. Veámoslo:

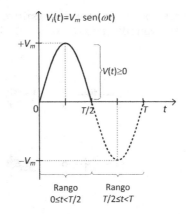

Aplicando la Ley de Kirchhoff de las mallas, tenemos que:

$$+V_i(t) - V_{ab} - V_L(t) = 0 \Rightarrow V_i(t) = V_{ab} + V_L(t) \geq 0.$$ (PDR. 1)

$V_i(t) \geq 0 \Rightarrow V_a > V_d$. Eso implica que el potencial cae al pasar por D (y por R_L), lo que implica $V_A > V_K \Rightarrow D$ ON (conduce), y la corriente tendrá el sentido de a hacia d, como lo indica la figura PDR. 1.

Como $V_i(t)$ es una sinusoide, esto sucederá en el primer semiciclo ($0 \leq t < T/2$).

Puesto que se considera que el diodo D es ideal, cuando se encuentra conduciendo se comporta como un interruptor cerrado. El circuito equivalente es, entonces, para $V_i(t) \geq 0$:

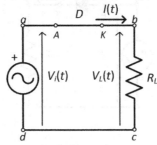

Vemos que $V_L(t) = V_i(t)$. Aplicando Ley de Ohm sobre R_L, obtenemos:

$$V_L(t) = I(t)\, R_L \Rightarrow I(t) = \frac{V_L(t)}{R_L} = \frac{V_i(t)}{R_L} = \frac{V_m sen(\omega t)}{R_L} = \left(\frac{V_m}{R_L}\right) sen(\omega t)$$ (PDR. 2)

cuando $0 \leq t < T/2$

y donde $\omega = 2\pi f = 2 \cdot 3{,}1416 \cdot 50$ [Hz] $= 314{,}16$ [rad/seg] es la frecuencia angular.

A partir de $t = T/2$ y hasta $t = T$, la tensión $V_i(t)$ será negativa, según se indica en la siguiente figura:

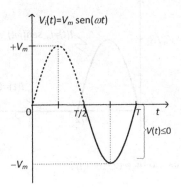

Entonces, si $V_i(t) < 0 \Rightarrow V_d > V_a$, lo que significa que la tensión irá disminuyendo en el circuito desde el punto d hasta el punto a, primero a través de R_L y luego a través de D.

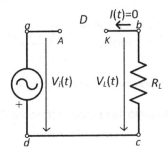

CONCLUSIÓN: $V_K > V_A \Rightarrow D$ OFF (no conduce). Al quedar el circuito abierto, la corriente será nula, como se indica en la figura anterior (observamos el signo + en la fuente $V_i(t)$: está ubicado en su borne inferior, ya que con eso se indica que la tensión allí es, en este caso, mayor que la del borne superior).

$$I(t) = 0 \text{ cuando } T/2 \leq t < T \text{ (recordamos que } T=1/f\text{).}\qquad\qquad \text{(PDR. 3)}$$

Observamos entonces que, dependiendo del valor del tiempo t, la corriente $I(t)$ tiene dos expresiones:

$$I(t) = \begin{cases} \left(\dfrac{V_m}{R_L}\right) sen(\omega t) = I_m sen(\omega t) & \text{cuando } 0 \leq t < T/2, \\[2mm] 0 & \text{cuando } T/2 \leq t < T, \end{cases}\qquad \text{(PDR. 4)}$$

donde $I_m = V_m/R_L$ es la amplitud de $I(t)$ en el primer intervalo de tiempo.

Representamos $I(t)$ gráficamente:

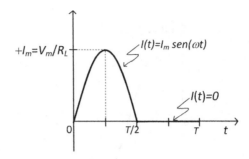

¿CÓMO SE OBTIENE EL VALOR DE PICO DE $I(t)$?

Observando esta última gráfica, o bien la ecuación (PDR.4), deducimos que $I(t)$ tiene un valor máximo (valor de pico) igual a I_m. Para calcular I_m necesitamos el valor de V_m. Como $V_i(t)$ es sinusoidal, sabemos que $V_{ef} = V_m/\sqrt{2} \Rightarrow V_m = \sqrt{2}\, V_{ef}$, por lo cual[5]:

$$I_m = \frac{V_m}{R_L} = \frac{\sqrt{2}\, V_{ef}}{R_L} = \frac{1,4142 \cdot 100\,[V]}{100\,[\Omega]} \Rightarrow \boxed{I_m = 1,4142\,[A]}.$$ (PDR. 5)

b) ¿CÓMO SE OBTIENE LA TENSIÓN EN LOS EXTREMOS DE R_L?

Por R_L circula $I(t)$, por lo tanto, la tensión $V_L(t)$ sobre R_L se obtiene aplicando Ley de Ohm, es decir:

$$V_L(t) = I(t)\,R_L = \begin{cases} \left[\left(\dfrac{V_m}{R_L}\right) sen(\omega t)\right] R_L = V_m\, sen(\omega t) & \text{cuando } 0 \leq t < T/2, \\ 0 \cdot R_L = 0 & \text{cuando } T/2 \leq t < T. \end{cases}$$ (PDR. 6)

En otras palabras: la forma de onda de $V_L(t)$ es la misma que $I(t)$, aunque ambas difieren en la amplitud (además, no es posible comparar directamente amperios con voltios):

---

[5] Recordemos que, como $\omega = 2\pi/T$, tenemos para la tensión sinusoidal de entrada (ver **Apéndice**):

$$V_{ef}^2 = \frac{1}{T}\int_0^T \left[V_i(t)\right]^2 dt = \frac{1}{T}\int_0^T \left[V_m sen(\omega t)\right]^2 dt = V_m^2/2 \Rightarrow V_{ef} = V_m/\sqrt{2}.$$

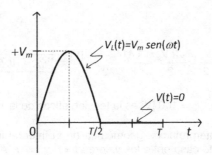

¿QUÉ SIGNIFICA ESTE RESULTADO? A la entrada tenemos una tensión $V_i(t)$, que es sinusoidal continua, pero la tensión sobre los extremos de R_L –a la salida– solo es media sinusoide. El nombre "RECTIFICADOR" precisamente da la idea de que la tensión de entrada se ha "rectificado" solamente hacia valores positivos.

c) ¿CÓMO SE OBTIENE LA TENSIÓN EFICAZ V_{Lef}SOBRE LA CARGA?

La definición de valor eficaz de la tensión en los extremos de R_L es:

$$V_{Lef}^2 = \frac{1}{T}\int_0^T \left[V_L(t)\right]^2 dt,$$

(PDR. 7)

pero sólo hay que calcular esta integral en la primera mitad del intervalo ($0 \le t < T/2$), porque es en ese rango, según se indica en la ecuación (PDR. 6), donde la $V_L(t)$ es distinta de cero. Resolvemos la integral sabiendo que $\omega = 2\pi/T$, y además que $(sen\omega)^2 = \frac{1}{2} - \cos(2\omega)/2$:

$$V_{Lef}^2 = \frac{1}{T}\int_0^T \left[V_L(t)\right]^2 dt = \frac{1}{T}\left\{ \overbrace{\int_0^{T/2}\left[V_L(t)\right]^2 dt}^{Int\ ervalo\ 0\le t< T/2} + \overbrace{\int_{T/2}^{T}\left[V_L(t)\right]^2 dt}^{Int\ ervalo\ T/2\le t< T} \right\} =$$

$$= \frac{1}{T}\left\{ \int_0^{T/2} V_m^2\left[sen\left(\frac{2\pi t}{T}\right)\right]^2 dt + \overbrace{\int_{T/2}^{T} 0^2 dt}^{=0} \right\} = \frac{1}{T}\int_0^{T/2} V_m^2\left\{\left[\frac{1}{2} - \frac{1}{2}\cos\left(\frac{4\pi t}{T}\right)\right]\right\} dt$$

(PDR. 8)

$$= \frac{V_m^2}{T}\left[\frac{t}{2} - \frac{sen\left(\frac{4\pi}{T}t\right)}{\frac{8\pi}{T}}\right]_0^{T/2} = \frac{V_m^2}{T}\left\{\left[\frac{T/2}{2} - \frac{\overbrace{sen\left(\frac{4\pi}{T}\frac{T}{2}\right)}^{=0}}{\frac{8\pi}{T}}\right] - \left[\frac{0}{2} - \frac{\overbrace{sen\left(\frac{4\pi}{T}0\right)}^{=0}}{\frac{8\pi}{T}}\right]\right\} =$$

$$= \frac{V_m^2}{T}\left(\frac{T}{4}\right) \Rightarrow \boxed{V_{Lef}^2 = \frac{V_m^2}{4}},$$

es decir:

$$V_{Lef}^2 = \frac{V_m^2}{4} \Rightarrow V_{Lef} = \frac{V_m}{2} = \frac{\sqrt{2}\,V_{ef}}{2} = \frac{1,4142 \cdot 100\,[V]}{2} \Rightarrow \boxed{V_{Lef} = 70,71\,[V]},$$
(PDR. 9)

donde, como hemos visto, $V_{ef} = 100$ [V] es la tensión eficaz de la $V_i(t)$ (tensión de entrada[6]).

OBSERVAMOS: la interpretación geométrica de la integral indica que corresponde al área bajo la curva, en este caso entre los valores $t = 0$ y $t = T$. Así que V_{ef}^2 corresponde a hallar el área bajo la curva $[V_i(t)]^2$ y luego dividir su valor por T (ver **Apéndice**). Pero esa área corresponde a la función $[V_m \mathrm{sen}(\omega t)]^2$. Para $V_L(t)$, esta área corresponderá a la mitad, puesto que el diodo conduce solo durante medio ciclo ($0 \le t < T/2$). Por eso $V_{Lef}^2 = V_{ef}^2/2 \Rightarrow V_{Lef} = V_{ef}/\sqrt{2} = (V_m/\sqrt{2})/\sqrt{2} = V_m/2$, según se ve en (PDR. 9).

¿CUÁL ES LA POTENCIA CONSUMIDA POR LA RESISTENCIA R_L?

La potencia disipada por R_L se obtiene aplicando la Ley de Joule. Como tenemos dos alternativas:

$$P_L = I_{Lef}^2 R_L = \frac{V_{Lef}^2}{R_L};$$
(PDR. 10)

elegimos la que utiliza V_{Lef}, que acabamos de calcular:

$$P_L = I_{Lef}^2 R_L = \frac{V_{Lef}^2}{R_L} = \frac{(70,71\,[V])^2}{100\,[\Omega]} \Rightarrow \boxed{P_L = 50\,[W]}.$$
(PDR. 11)

PREGUNTAMOS: ¿POR QUÉ P_L NO SE CALCULA COMO $(I_{dc})^2 R_L$, O COMO $(V_{dc})^2/R_L$?

El modo más sencillo de verlo es simplemente considerando una corriente (o voltaje) sinusoidal pasando por R_L. En dicho caso, $I_{dc} = 0$, y por lo tanto $P_L = (I_{dc})^2 R_L = 0$, lo cual no es cierto, puesto que la resistencia consumirá potencia debido a que la corriente sinusoidal está oscilando a través de la resistencia (va y viene a través de ella, cambiando su intensidad), y consume potencia tanto cuando "va" como cuando "viene". Otra respuesta, más matemática, sería decir que "no es lo mismo el cuadrado del promedio, que es $(I_{dc})^2$, que el promedio del cuadrado, que es $(I_{ef})^2$". El valor medio de la potencia disipada por una resistencia es igual a R por el promedio del cuadrado de $I(t)$. Todo lo dicho en este último párrafo quedará más claro si se consulta el **Apéndice**.

---

[6] Existe otro método para calcular la V_{Lef}. Como sobre R_L circula $I(t)$, es posible hallar primero el valor eficaz $I_{ef} = \sqrt{\dfrac{1}{T} \int_0^T [I(t)]^2\, dt} = \dfrac{V_m}{2R_L}$ —esta integral se calcula considerando (PDR. 4)– y luego aplicar la Ley de Ohm con valores eficaces: $V_{Lef} = I_{ef}\,R_L$. El resultado, según se observa, será el mismo.

Resumen PDR. 1

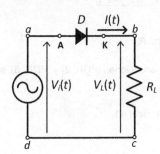

DATOS:

$V_i(t) = V_m \, \text{sen}(\omega t) = \sqrt{2} \, V_{ef} \, \text{sen}(2\pi f t)$;

$V_{ef} = 100$ [V]; $f = 1/T = 50$ [Hz]; $R_L = 100$ [Ω].

D es un diodo ideal.

INCÓGNITAS:

a) I_m = corriente máxima a través de R_L = ?

b) Representación gráfica de $V_L(t)$ = ?

c) V_{Lef} = tensión eficaz en la carga R_L = ?

a) CORRIENTE MÁXIMA A TRAVÉS DE R_L: $V_i(t) > 0$ (intervalo $0 \le t < T/2$) $\Rightarrow V_a > V_d \Rightarrow V_A > V_K \Rightarrow D$ ON

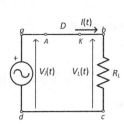

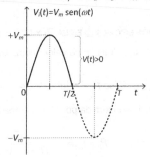

$$I(t) = \frac{V_L(t)}{R_L} = \frac{V_i(t)}{R_L} = \frac{V_m \text{sen}(\omega t)}{R_L} \Rightarrow \boxed{I(t) = \left(\frac{V_m}{R_L}\right) \text{sen}(\omega t)} \text{ cuando } 0 \le t < T/2. \qquad \text{(PDR. 2)}$$

La corriente $I(t)$ tiene sentido de b a c, considerado como positivo.

$V_i(t) < 0$ (en el intervalo $T/2 \le t < T$) $\Rightarrow V_a < V_d \Rightarrow V_A < V_K \Rightarrow D$ OFF:

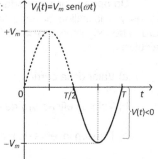

$$\boxed{I(t) = 0 \text{ cuando } T/2 \le t < T} \text{ (siendo } T=1/f). \qquad \text{(PDR. 3)}$$

Observando las ecuaciones (PDR. 2) y (PDR. 3), se deduce que el valor pico de $I(t)$ es:

$$I_m = \frac{V_m}{R_L} = \frac{\sqrt{2}\,V_{ef}}{R_L} = \frac{1,4142 \cdot 100\,[V]}{100\,[\Omega]} \Rightarrow \boxed{I_m = 1,4142\,[A]}.$$

(PDR. 5)

b) Representación gráfica de la tensión $V_L(t)$ sobre R_L:

Por la Ley de Ohm, $V_L(t) = I(t)\,R_L$, y considerando las ecuaciones (PDR. 2) y (PDR. 3), se obtiene:

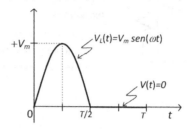

c) Tensión eficaz V_{Lef} en la R_L y su Potencia consumida P_L:

Aplicando la definición de valor eficaz, se obtiene:

$$V_{Lef}^2 = \frac{1}{T}\int_0^{T/2} V_m^2 sen^2\left(\frac{2\pi t}{T}\right)dt \Rightarrow V_{Lef} = \frac{V_m}{2} = \frac{\sqrt{2}\,V_{ef}}{2} = \frac{\sqrt{2}\cdot 100\,[V]}{2} = \boxed{V_{Lef} = 70,71\,[V]}.$$

(PDR. 9)

La potencia consumida por R_L es, consecuentemente:

$$P_L = I_{Lef}^2 R_L = \frac{V_{Lef}^2}{R_L} = \frac{(70,71\,[V])^2}{100\,[\Omega]} \Rightarrow \boxed{P_L = 50\,[W]}.$$

(PDR. 11)

Problema DR. 2: rectificador de onda completa (I)

Un generador sinusoidal de $V_{ef} = 100$ [V] se conecta a un rectificador en puente de diodos y a la salida de este se conecta una carga $R_L = 200$ [Ω]. Los diodos tienen los parámetros siguientes $R_f = 10$ [Ω], $R_r = \infty$, $V_\gamma = 0,6$ [V] y $V_z = 300$ [V]. Dibujar el circuito y calcular:

a) Valor de la corriente máxima I_m por la carga.

b) Valores eficaz I_{ef} y de continua I_{dc} de la corriente en la carga.

c) Tensión inversa de pico V_{Dinvp} en un diodo.

d) Valor de continua de la corriente I_{Ddc} en los diodos.

e) Potencia P_L disipada en la carga R_L.

f) Valor de la tensión $V_{ef,limite}$ en el generador para la cual los diodos alcanzan su tensión inversa máxima (tensión Zener).

PLANTEAMIENTO Y RESOLUCIÓN

DIBUJAMOS EL CIRCUITO: el rectificador se construye con cuatro diodos en puente (una manera de recordar la configuración en puente es considerar que conforman un rombo, con los cuatro diodos apuntando hacia la derecha; los vértices superior e inferior del rombo se conectan a la fuente alterna de entrada; de esta manera, el vértice derecho del rombo indicará el potencial positivo de la salida –la carga R_L–, y el vértice izquierdo del mismo, el potencial negativo).

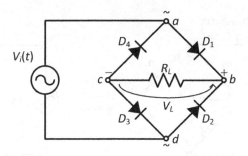

FIGURA PDR. 2.

a)   ¿CÓMO SE OBTIENE LA CORRIENTE $I(t)$ QUE CIRCULA SOBRE R_L?

Procedemos como lo hemos hecho anteriormente: analizamos el signo del voltaje de entrada $V_i(t) = V_m \operatorname{sen}(\omega t)$, para determinar el comportamiento de los diodos, y, por tanto, de la corriente sobre la resistencia $I(t)$.

Un valor de $V_i(t)$ positivo sucede cuando $0 \leq t < T/2$. En ese intervalo el potencial en el punto a es mayor que en d: $V_i(t) > 0 \Rightarrow V_a > V_d$. Esto significa que el potencial cae al pasar del punto a al punto d. Bajo este supuesto, el potencial cae al pasar del punto a al punto b o del a al c. Es decir:

$$V_i(t) > 0 \Rightarrow V_a > V_d \Rightarrow \begin{cases} V_a > V_b \Rightarrow D_1 \text{ conduce } (D_1 \text{ ON}), \\ V_a > V_c \Rightarrow D_4 \text{ apagado } (D_4 \text{ OFF}). \end{cases} \qquad \text{(PDR. 12)}$$

Razonando de modo análogo, tendremos:

$$V_i(t) > 0 \Rightarrow V_a > V_d \Rightarrow \begin{cases} V_b > V_d \Rightarrow D_2 \text{ apagado } (D_2 \text{ OFF}), \\ V_c > V_d \Rightarrow D_3 \text{ conduce } (D_3 \text{ ON}). \end{cases} \qquad \text{(PDR. 13)}$$

Para obtener el circuito correspondiente, cada diodo debe reemplazarse por su equivalente:

D ON:

Resistencia R_f en serie con V_γ:

D OFF:

Resistencia $R_r = \infty$, o sea, un circuito abierto[7]:

Observamos que, en *D* ON, V_γ se establece con el borne + hacia el ánodo **A** (V_γ "se opone" a la corriente que circula desde el ánodo **A** al cátodo **K**).

Al realizar estos reemplazos, se obtiene, para $V_i(t) > 0$:

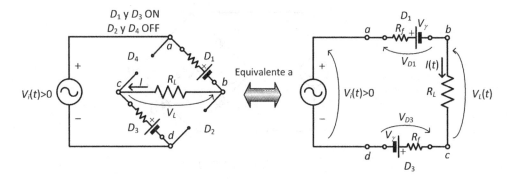

Para hallar el valor de la corriente $I(t)$, resolvemos la ecuación de la única malla disponible:

$$V_i(t) - V_{D1} - V_L - V_{D3} = 0 \Rightarrow V_i(t) - \overbrace{\left[I(t)R_f + V_\gamma\right]}^{V_{D1}} - \overbrace{I(t)R_L}^{V_L} - \overbrace{\left[I(t)R_f + V_\gamma\right]}^{V_{D3}} = 0$$

$$\Rightarrow I(t) = \frac{V_i(t) - 2V_\gamma}{R_L + 2R_f} = \frac{V_m sen(\omega t) - 2V_\gamma}{R_L + 2R_f} \quad \text{en el intervalo } 0 \le t < T/2.$$

(PDR. 14)

Esta corriente $I(t)$ tiene sentido del punto *b* al punto *c* a través de la resistencia R_L. En otras palabras: en la ecuación anterior, $V_i(t)$ prepondera sobre $2V_\gamma$, provocando que el potencial en *b* sea mayor que en el punto *c* y haciendo que la corriente viaje en ese sentido.

También vemos en (PDR. 14) que esta $I(t)$ alcanzará su valor pico cuando la tensión $V_m sen(\omega t)$ sea máxima (ya que los otros parámetros que intervienen en la ecuación son constantes). Como el valor máximo de $V_m sen(\omega t)$ es V_m, tendremos:

$$I_{max} = \frac{V_m - 2V_\gamma}{R_L + 2R_f} = \frac{\sqrt{2}V_{ef} - 2V_\gamma}{R_L + 2R_f} = \frac{\sqrt{2} \cdot 100[V] - 2 \cdot 0,6[V]}{200[\Omega] + 2 \cdot 10[\Omega]} \Rightarrow \boxed{I_{max} = 0,637[A]},$$

(PDR. 15)

---

[7] Una resistencia infinita significa una oposición muy grande al paso de la corriente eléctrica, que es lo mismo que decir que el circuito está abierto (no puede haber paso de corriente).

en donde hemos hecho uso de nuevo del valor del voltaje eficaz para un voltaje sinusoidal, que es $V_{ef} = V_m / \sqrt{2}$, deduciendo, por lo tanto, el valor máximo $V_m = \sqrt{2}\, V_{ef}$.

Para $V_i(t) < 0$, en el intervalo $T/2 \leq t < T$, aplicamos un razonamiento completamente análogo, obteniendo:

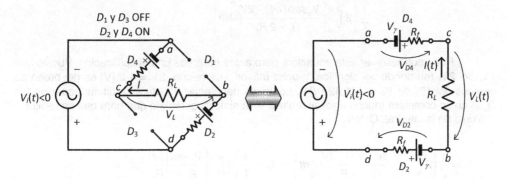

Analizando esta malla, vemos que la ecuación de la corriente es similar a la que se obtuvo anteriormente (PDR. 14). En este caso, $I(t)$ circula del punto b al punto c nuevamente, con lo cual su sentido a través de R_L no ha variado, a pesar de que el sentido de $V_i(t)$ sí lo ha hecho (eso se percibe si observamos las dos figuras anteriores). Para evitar el signo negativo, que correspondería al de la función $V_m \operatorname{sen}(\omega t)$, escribimos la ecuación de malla utilizando valor absoluto de $V_i(t)$:

$$V_i(t) - V_{D2} - V_L - V_{D4} = 0 \Rightarrow V_i(t) - \overbrace{\left[I(t)R_f + V_\gamma\right]}^{V_{D2}} - \overbrace{I(t)R_L}^{V_L} - \overbrace{\left[I(t)R_f + V_\gamma\right]}^{V_{D4}} = 0$$

$$\Rightarrow I(t) = \frac{V_i(t) - 2V_\gamma}{R_L + 2R_f} = \frac{\left|V_m \operatorname{sen}(\omega t)\right| - 2V_\gamma}{R_L + 2R_f} \quad \text{en el intervalo } T/2 \leq t < T.$$

(PDR. 16)

En resumen, tenemos:

$$I(t) = \begin{cases} \dfrac{V_m \operatorname{sen}(\omega t) - 2V_\gamma}{R_L + 2R_f} & \text{si } 0 \leq t < T/2, \\[4mm] \dfrac{\left|V_m \operatorname{sen}(\omega t)\right| - 2V_\gamma}{R_L + 2R_f} & \text{si } T/2 \leq t < T. \end{cases}$$

(PDR. 17)

Vemos que el valor máximo de $I(t)$ es el mismo que el calculado anteriormente.

b) ¿CÓMO SE OBTIENEN LOS VALORES EFICACES I_{ef} Y DE CONTINUA I_{dc} DE $I(t)$?

Aplicamos la definición de cada una. I_{dc} es el promedio de $I(t)$ en el intervalo de un período, es decir $0 \leq t < T$. Teniendo en cuenta la ecuación (PDR. 14), obtenemos:

$$I_{dc} = \frac{1}{T} \int_0^T I(t)\,dt = \frac{1}{T} \left[\int_0^{T/2} I(t)\,dt + \int_{T/2}^T I(t)\,dt \right] =$$

$$= \frac{1}{T} \left\{ \int_0^{T/2} \left[\frac{V_m sen(\omega t) - 2V_\gamma}{R_L + 2R_f} \right] dt + \int_{T/2}^T \left[\frac{|V_m sen(\omega t)| - 2V_\gamma}{R_L + 2R_f} \right] dt \right\} = \qquad \text{(PDR. 18)}$$

$$= \frac{1}{T} \left\{ 2 \int_0^{T/2} \left[\frac{V_m sen(\omega t) - 2V_\gamma}{R_L + 2R_f} \right] dt \right\}.$$

Podemos resolver esta ecuación, pero antes haremos una simplificación. Puesto que $V_m \gg 2V_\gamma$ (en donde $\gg$ significa "mucho mayor" –de hecho, $2V_\gamma = 1,2$ [V] es del orden de menos del 1% de $V_m = 141,42$ [V]–), podemos despreciar $2V_\gamma$ de esta última ecuación (ya que no se cometerá mucho error al realizar esta simplificación), lo que hará que se facilite el cálculo de la integral. O sea:

$$I_{dc} = \frac{1}{T} \left\{ 2 \int_0^{T/2} \left[\frac{V_m sen(\omega t) - 2V_\gamma}{R_L + 2R_f} \right] dt \right\} \Rightarrow I_{dc} \approx \frac{1}{T} \left\{ 2 \int_0^{T/2} \left[\frac{V_m sen(\omega t)}{R_L + 2R_f} \right] dt \right\} =$$

$$= \frac{2V_m}{T(R_L + 2R_f)} \int_0^{T/2} sen\left(\frac{2\pi}{T}t\right) dt = \frac{2V_m}{T(R_L + 2R_f)} \left[-\frac{T}{2\pi} \cos\left(\frac{2\pi}{T}t\right) \right]_0^{T/2} = \qquad \text{(PDR. 19)}$$

$$= \frac{2V_m}{T(R_L + 2R_f)} \frac{T}{2\pi} \left[\overbrace{-\cos\left(\frac{2\pi}{T}\frac{T}{2}\right)}^{=(-1)} + \overbrace{\cos\left(\frac{2\pi}{T}0\right)}^{=1} \right] \Rightarrow \boxed{I_{dc} = \frac{2V_m}{(R_L + 2R_f)\pi}}.$$

Asignando valores a los símbolos, tenemos:

$$I_{dc} = \frac{2V_m}{(R_L + 2R_f)\pi} = \frac{2 \cdot \sqrt{2} \cdot 100\,[V]}{(200\,[\Omega] + 2 \cdot 10\,[\Omega]) \cdot 3,14159} \Rightarrow \boxed{I_{dc} = 0,409\,[A]}. \qquad \text{(PDR. 20)}$$

Observamos que, si despreciamos $2V_\gamma$ en la ecuación (PDR. 15), se obtiene:

$$I_{max} = \frac{V_m - 2V_\gamma}{(R_L + 2R_f)} \approx \frac{V_m}{(R_L + 2R_f)} \Rightarrow \boxed{I_{dc} \approx \left(\frac{2}{\pi}\right) \frac{V_m}{(R_L + 2R_f)} = \frac{2}{\pi} I_{max}}, \qquad \text{(PDR. 21)}$$

que es una ecuación relativamente fácil de recordar para volver a utilizarla en circuitos rectificadores con diodos en puente.

Para calcular I_{ef}, procedemos de modo análogo, aunque hallando primero el promedio de $[I(t)]^2$:

$$I_{ef}^2 = \frac{1}{T}\int_0^T \left[I(t)\right]^2 dt = \frac{1}{T}\left\{2\int_0^{T/2}\left[\frac{V_m sen(\omega t)-2V_\gamma}{R_L+2R_f}\right]^2 dt\right\} \approx \frac{2}{T}\left\{\int_0^{T/2}\left[\frac{V_m sen(\omega t)}{R_L+2R_f}\right]^2 dt\right\} =$$

$$= \frac{2V_m^2}{T(R_L+2R_f)^2}\overbrace{\int_0^{T/2} sen^2\left(\frac{2\pi}{T}t\right)dt}^{=T/4} = \frac{2V_m^2}{T(R_L+2R_f)^2}\left(\frac{T}{4}\right) \Rightarrow \qquad \text{(PDR. 22)}$$

$$\Rightarrow \boxed{I_{ef} = \frac{V_m}{\sqrt{2}(R_L+2R_f)} = \frac{V_{ef}}{(R_L+2R_f)}}.$$

Calculamos la I_{ef}:

$$\boxed{I_{ef} = \frac{V_{ef}}{R_L+2R_f} = \frac{100[V]}{200[\Omega]+2\cdot10[\Omega]} = 454,55[mA]}\left(\text{además,}\, I_{ef}\approx\frac{I_{max}}{\sqrt{2}}\right). \qquad \text{(PDR. 23)}$$

Entre paréntesis se ha indicado el resultado cuando se realiza un razonamiento análogo para hallar la (PDR. 21).

c) CÁLCULO DE LA TENSIÓN INVERSA DE PICO A TRAVÉS DE CADA DIODO.

Primero, tenemos que especificar cuándo los diodos están polarizados en inversa, y luego hallar el valor máximo de esas tensiones. Si se analiza un poco, se observará que todos los diodos reciben la misma tensión inversa (aunque no al mismo tiempo). Por ejemplo, en la siguiente figura, cuando $V_i(t)>0$, D_2 está polarizado en inversa (conectado entre b y d, está en estado OFF)[8]:

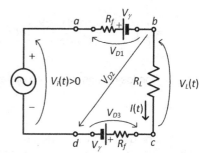

Teniendo en cuenta $V_i(t)$, V_{D1} y V_{D2}, vemos que:

$$V_i(t)-V_{D1}+V_{D2}=0 \Rightarrow V_{D2}=+V_{D1}-V_i(t), \qquad \text{(PDR. 24)}$$

y como V_{D1} es pequeña comparada con $V_i(t)$, tendremos[9]:

$$V_{D2}\approx-V_i(t) \quad \text{en el intervalo } 0\le t < T/2. \qquad \text{(PDR. 25)}$$

---

[8] Observamos que V_{D1} y V_{D3} se miden desde el cátodo hacia el ánodo (la punta de la flecha —el positivo— está del lado del ánodo de cada diodo).

[9] Se podría hallar V_{D2} considerando que $V_{D1} = I(t)\,R_f + V_\gamma$, con $I(t) = [V_m\,sen(\omega t) - 2V_\gamma] / (R_L + 2\,R_f)$. Aunque después de desarrollar las ecuaciones, se llegaría al mismo resultado.

En el intervalo $T/2 \leq t < T$, D_2 está polarizado con tensión directa, de modo que la tensión pico inversa sobre D_2 es el valor máximo que alcanza en el intervalo especificado en la ecuación anterior, es decir:

$$V_{D2invp} \approx |-V_m| = 141,42\,[V],\qquad\qquad\text{(PDR. 26)}$$

en donde se utiliza el valor absoluto porque lo que importa es la amplitud, no el signo.

Si se analiza el comportamiento de los demás diodos, se obtendrá el mismo resultado: $V_{D1invp} = V_{D3invp} = V_{D4invp} = 141,42\,[V]$.

d) CÁLCULO DE LA CORRIENTE MEDIA (VALOR DE CONTINUA) EN CADA DIODO.

Los diodos D_1 y D_3 conducen durante medio período ($0 \leq t < T/2$). En ese lapso circula por ellos la corriente $I(t)$. Luego, están abiertos el medio período restante ($T/2 \leq t < T$), y por lo tanto la corriente a través de cada uno es cero. Los diodos D_2 y D_4 siguen el proceso inverso. Por lo tanto, para el D_1, por ejemplo, teniendo en cuenta la (PDR. 17):

$$I_{D1dc} = \frac{1}{T}\int_0^T I(t)\,dt = \frac{1}{T}\left[\int_0^{T/2} I(t)\,dt + \overbrace{\int_{T/2}^{T} 0\,dt}^{=0}\right] =$$

$$= \frac{1}{T}\int_0^{T/2}\left[\frac{V_m sen(\omega t) - 2V_\gamma}{R_L + 2R_f}\right]dt = \frac{I_{dc}}{2} \Rightarrow \boxed{I_{D1dc} = \frac{0,409\,[A]}{2} = 0,204\,[A]}$$

(PDR. 27)

Con los demás diodos se obtiene el mismo resultado.

e) ¿CÓMO SE CALCULA LA POTENCIA DISIPADA EN LA RESISTENCIA DE CARGA R_L?

Por definición (Ley de Joule), la potencia disipada por una resistencia es igual al valor eficaz al cuadrado de la corriente que circula por ella, multiplicada por el propio valor de la resistencia: $I_{Lef}^2 R_L$. La corriente $I(t)$ siempre circula a través de R_L, por lo cual, $I_{Lef} = I_{ef}$, es decir:

$$P_L = I_{Lef}^2 R_L = I_{ef}^2 R_L = (0,454\,[A])^2 \cdot 200\,[\Omega] \Rightarrow \boxed{P_L = 41,22\,[W]}.\qquad\text{(PDR. 28)}$$

Existe una alternativa a esta ecuación, y es hallar la tensión eficaz V_{Lef} en los extremos de la resistencia y luego aplicar la relación $P_L = V_{Lef}^2/R_L$. Se obtendría el mismo valor.

¿QUÉ SIGNIFICA ESTE RESULTADO?

La resistencia consume 41,22 vatios, y esta potencia se transforma en calor. Para tener una idea aproximada de esta magnitud de potencia, recordemos que existen bombillas de luz incandescente que consumen 60 vatios, de los cuales gran parte se transforma en calor y algo en luz para iluminar, por ejemplo, una habitación. Es decir, si la resistencia a la salida del puente de diodos fuese una bombilla incandescente (que trabajase a 100 voltios eficaces), sería capaz de iluminar perfectamente una habitación.

f) SE PIDE CALCULAR LA TENSIÓN EFICAZ MÁXIMA DE LA FUENTE QUE PRODUCE RUPTURA DE LOS DIODOS.

En el apartado d), hemos encontrado el valor de la tensión de pico inversa que soportan los diodos, ecuación (PDR. 26):

$$V_{Dinvp} \approx |-V_m| = V_m.$$ (PDR. 29)

Supongamos que variamos la V_{ef} de la fuente $V_i(t)$. La pregunta es: ¿cuál será la tensión eficaz máxima que podemos establecer para dicha fuente (sin sobrepasar la V_z de los diodos)? Para hallar ese valor, simplemente especificamos, en la ecuación anterior, $V_{Dinvp} = V_{zener} = V_z$, que es la tensión de pico inversa máxima que puede soportar cualquiera de los diodos. Recordando que, para el generador con tensión sinusoidal $V_{ef} = V_m / \sqrt{2}$, tendremos:

$$V_{Dinvp} = V_z \approx V_{m,límite} = \sqrt{2}\, V_{ef,límite} \Rightarrow$$

$$\Rightarrow V_{ef,límite} = \frac{V_z}{\sqrt{2}} = \frac{300\,[\text{V}]}{1,4142} \Rightarrow \boxed{V_{ef,límite} = 212,13\,[\text{V}]}.$$ (PDR. 30)

¿QUÉ SIGNIFICA ESTO?

Que si la tensión eficaz del generador sobrepasa los 212,13 voltios, los diodos del puente rectificador corren el riesgo de estropearse, ya que sobrepasarán la tensión Zener (tensión de ruptura).

La tensión de ruptura es una característica típica de los diodos que los fabricantes proporcionan para que los diseñadores eviten someterlos a condiciones perjudiciales. Otras especificaciones de este tipo en un diodo son: corriente directa máxima (máxima corriente que un diodo puede soportar estando polarizado en directa), tensión directa máxima (de significado obvio) y potencia máxima (máxima potencia que puede soportar el diodo cuando se polariza en directa).

Resumen PDR. 2

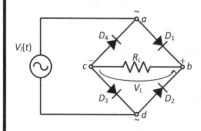

DATOS:

$V_i(t) = V_m \operatorname{sen}(\omega t) = \sqrt{2}\, V_{ef} \operatorname{sen}(2\pi f\, t)$;

$V_{ef} = 100$ [V]; $R_L = 200$ [Ω].

PARÁMETROS DE LOS DIODOS:

Resistencia en polarización directa: $R_f = 10$ [Ω];

Resistencia en polarización inversa: $R_r = \infty$ [Ω];

Tensión umbral en directa: $V_\gamma = 0{,}6$ [V];

Tensión de ruptura (Zener) en inversa: $V_Z = 300$ [V].

INCÓGNITAS:

a) I_m = corriente máxima a través de R_L = ?

b) I_{dc}, I_{ef} = corrientes continua y eficaz a través de R_L = ?

c) V_{Dinvp} = tensión inversa de pico en los diodos = ?

d) I_{dc} = corriente continua (media) a través de los diodos = ?

e) P_L = potencia disipada en la carga = ?

f) $V_{ef,límite}$ = tensión eficaz de la fuente $V_i(t)$ con la que los diodos alcanzan V_Z = ?

---

a) CORRIENTE MÁXIMA A TRAVÉS DE R_L: $V_i(t) > 0$ (en el intervalo $0 \leq t < T/2$) $\Rightarrow V_a > V_d$, entonces:

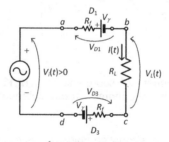

$$V_i(t) > 0 \Rightarrow V_a > V_d \Rightarrow \begin{cases} V_a > V_b \Rightarrow D_1 \text{ ON; } V_a > V_c \Rightarrow D_4 \text{ OFF,} \\ V_b > V_d \Rightarrow D_2 \text{ OFF; } V_c > V_d \Rightarrow D_3 \text{ ON.} \end{cases}$$

(PDR. 12)
(PDR. 13)

$$V_i(t) - \overbrace{\left[I(t)R_f + V_\gamma\right]}^{v_{D1}} - \overbrace{I(t)R_L}^{v_L} - \overbrace{\left[I(t)R_f + V_\gamma\right]}^{v_{D3}} = 0 \Rightarrow$$

$$\Rightarrow I(t) = \frac{V_m \operatorname{sen}(\omega t) - 2V_\gamma}{R_L + 2R_f} \quad (0 \leq t < T/2).$$

(PDR. 14)

Para $V_i(t) < 0$, en el intervalo $T/2 \leq t < T$, aplicamos un razonamiento completamente análogo:

$$V_i(t) - \overbrace{\left[I(t)R_f + V_\gamma\right]}^{v_{D2}} - \overbrace{I(t)R_L}^{v_L} - \overbrace{\left[I(t)R_f + V_\gamma\right]}^{v_{D4}} = 0 \Rightarrow$$

$$\Rightarrow I(t) = \frac{|V_m \operatorname{sen}(\omega t)| - 2V_\gamma}{R_L + 2R_f} \quad (T/2 \leq t < T).$$

(PDR. 16)

Por lo tanto, el máximo valor de $I(t)$ en todo el intervalo $(0 \leq t < T)$ es:

$$\Rightarrow I_{max} = \frac{V_m - 2V_\gamma}{R_L + 2R_f} = \frac{\sqrt{2}\,V_{ef} - 2V_\gamma}{R_L + 2R_f} = \frac{\sqrt{2}\cdot 100[\text{V}] - 2\cdot 0,6[\text{V}]}{200[\Omega] + 2\cdot 10[\Omega]} \Rightarrow \boxed{I_{max} = 0,637[\text{A}]}.$$
(PDR. 15)

b) Valores medio I_{dc} y eficaz I_{ef} de $I(t)$:

El valor medio de $I(t)$ es:

$$I_{dc} = \frac{1}{T}\int_0^T I(t)\,dt = \frac{1}{T}\left\{2\int_0^{T/2}\left[\frac{V_m sen(\omega t) - 2V_\gamma}{R_L + 2R_f}\right]dt\right\} \approx \frac{1}{T}\left\{2\int_0^{T/2}\left[\frac{V_m sen(\omega t)}{R_L + 2R_f}\right]dt\right\} \Rightarrow$$
(PDR. 19)

$$\Rightarrow I_{dc} = \frac{2V_m}{(R_L + 2R_f)\pi} = \frac{2\cdot\sqrt{2}\cdot 100[\text{V}]}{3,14159} \Rightarrow \boxed{I_{dc} = 0,409[\text{A}]}; \quad \text{además,} \quad \boxed{I_{dc} \approx \frac{2}{\pi}I_{max}}.$$
(PDR. 20)

El valor eficaz de $I(t)$ es:

$$I_{ef}^2 = \frac{1}{T}\left\{2\int_0^{T/2}\left[\frac{V_m sen(\omega t) - 2V_\gamma}{R_L + 2R_f}\right]^2 dt\right\} \approx \frac{2}{T}\left\{\int_0^{T/2}\left[\frac{V_m sen(\omega t)}{R_L + 2R_f}\right]^2 dt\right\} =$$
(PDR. 22)
(PDR. 23)

$$= \frac{V_m}{\sqrt{2}(R_L + 2R_f)} \Rightarrow \boxed{I_{ef} = \frac{V_{ef}}{R_L + 2R_f} = \frac{100[\text{V}]}{200[\Omega] + 2\cdot 10[\Omega]} = 454,55[\text{mA}]} \left(\text{con } I_{ef} \approx \frac{I_{max}}{\sqrt{2}}\right).$$

c) Tensión inversa de pico a través de cada diodo:

Para el análisis, podemos considerar el diodo D_2 (análisis en el intervalo $0 \le t < T/2 \Rightarrow D_2$ OFF):

$$V_{D2} = +V_{D1} - V_i(t) \approx -V_i(t) \Rightarrow$$
(PDR. 24)
$$\Rightarrow V_{D2invp} \approx |-V_m| = 141,42\,[\text{V}].$$
(PDR. 25)

d) Corriente media I_{Ddc} a través de los diodos:

Para el análisis, basta con considerar el diodo D_1 ($0 \le t < T/2 \Rightarrow D_1$ ON, $T/2 \le t < T \Rightarrow D_1$ OFF):

$$I_{D1dc} = \frac{1}{T}\int_0^{T/2} I(t)\,dt = \frac{1}{T}\int_0^{T/2}\left[\frac{V_m sen(\omega t) - 2V_\gamma}{R_L + 2R_f}\right]dt = \frac{I_{dc}}{2} \Rightarrow \boxed{I_{D1dc} = \frac{0,409[\text{A}]}{2} = 0,204[\text{A}]}.$$
(PDR. 27)

e) Potencia P_L disipada en la resistencia de carga R_L:

Aplicamos Ley de Joule:

$$P_L = I_{Lef}^2 R_L = I_{ef}^2 R_L = (0,454[\text{A}])^2 \cdot 200[\Omega] \Rightarrow \boxed{P_L = 41,22[\text{W}]}.$$
(PDR. 28)

e) Tensión eficaz máxima de la fuente $V_{ef,limite}$ que produce ruptura de los diodos:

Igualamos la tensión máxima límite a la tensión Zener (de ruptura) de cualquiera de los diodos:

$$V_{Dinvp} = V_Z \approx V_{m,limite} = \sqrt{2}\,V_{ef,limite} \Rightarrow V_{ef,limite} = \frac{V_Z}{\sqrt{2}} = \frac{300[\text{V}]}{1,4142} \Rightarrow \boxed{V_{ef,limite} = 212,13[\text{V}]}.$$
(PDR. 30)

Problema DR. 3: rectificador de onda completa (II)

Un generador de 220 [V] eficaces se conecta a un rectificador en puente de diodos y la salida de este a una carga $R_L = 270$ [Ω].

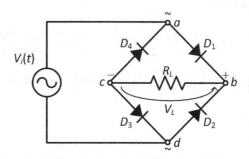

Figura PDR. 3.

Considerando que los diodos son ideales, calcular:

a) Valor de la I_{max} por la carga R_L.

b) Valor de I_{ef} e I_{dc} en la carga.

c) Tensión inversa de pico en un diodo.

d) I_{dc} e I_{ef} en cada uno de los diodos.

e) Potencia disipada en la carga.

<u>**PLANTEAMIENTO Y RESOLUCIÓN**</u>

Este problema se resuelve con un procedimiento similar al utilizado en el problema anterior.

a) VALOR DE LA CORRIENTE MÁXIMA I_{max} POR LA CARGA R_L:

Utilizamos directamente la expresión de la corriente que habíamos hallado anteriormente, ecuación (PDR. 15). Como en el enunciado se indica que todos los diodos son ideales, consideramos $V_\gamma = 0$ (los diodos no tienen tensión umbral) y $R_f = 0$ (no tienen resistencia cuando están polarizados en directa). Por lo tanto, teniendo en cuenta que la V_{ef} de entrada es de 220 [V]:

$$I_{max} = \frac{V_m - 2V_\gamma}{R_L + 2R_f} = \frac{\sqrt{2}\,V_{ef} - 2V_\gamma}{R_L + 2R_f} = \frac{\sqrt{2} \cdot 220[\text{V}] - 2 \cdot 0[\text{V}]}{270[\Omega] + 2 \cdot 0[\Omega]} \Rightarrow \boxed{I_{max} = 1{,}15[\text{A}]}. \qquad \text{(PDR. 31)}$$

PREGUNTA: ¿QUÉ SIGNIFICA QUE $R_f = 0$ Y $V_\gamma = 0$?

El diodo conduce cuando el potencial en el ánodo V_A es mayor que el potencial en el cátodo V_K, es decir $V_A > V_K$. ¿En qué medida tiene V_A que ser mayor que V_K? En un valor V_γ. Si al pasar del punto A al punto K el potencial cae, entonces podemos pensar que, cuando el diodo empieza a conducir (todavía no existe corriente por él), V_K se obtiene restando de V_A el valor V_γ, es decir: $V_K = V_A - V_\gamma$. Por otra parte, si se considera que el diodo tiene resistencia interna R_f, cuando empieza a circular una corriente $I(t)$ por el diodo, por Ley de Ohm, aparecerá una caída de potencial adicional entre A y K, igual a $I(t)R_f$, es decir:

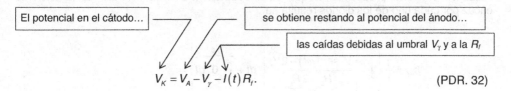

| El potencial en el cátodo... | se obtiene restando al potencial del ánodo... |

las caídas debidas al umbral V_γ y a la R_f

$$V_K = V_A - V_\gamma - I(t)R_f. \hspace{2cm} \text{(PDR. 32)}$$

Unos valores $V_\gamma = 0$ y $R_f = 0$ significan que, en conducción, $V_A = V_K$ (según se deduce de la ecuación anterior), con lo cual no hay caída de potencial en el diodo, es decir, se comporta como un simple interruptor, que es la definición de diodo ideal.

b) VALOR DE LAS CORRIENTES MEDIA I_{dc} Y EFICAZ I_{ef} POR LA CARGA R_L:

Para la corriente media podemos utilizar la simplificación hecha en la (PDR. 21), página 26:

$$I_{dc} = \frac{2}{\pi} I_{max} = \frac{2}{3,1415} \cdot 1,15\,[A] = 0,732\,[A], \hspace{2cm} \text{(PDR. 33)}$$

y para la corriente eficaz, la simplificación establecida en la (PDR. 23), página 27:

$$I_{ef} = \frac{I_{max}}{\sqrt{2}} = \frac{1,15\,[A]}{1,4142} = 0,813\,[A]. \hspace{2cm} \text{(PDR. 34)}$$

c) VALOR DE LA TENSIÓN DE PICO INVERSA EN CUALQUIERA DE LOS DIODOS:

Ecuación (PDR. 26):

$$V_{Dinvp} = |-V_m| = \sqrt{2}\,V_{ef} = 1,4142 \cdot 220\,[V] = 311,12\,[V], \hspace{2cm} \text{(PDR. 35)}$$

donde el subíndice D se puede referir a cualquiera de los cuatro diodos.

d) CORRIENTES MEDIA I_{Ddc} Y EFICAZ I_{Def} EN LOS DIODOS:

La corriente media se obtiene aplicando la (PDR. 27):

$$\boxed{I_{Ddc} = \frac{I_{dc}}{2} = \frac{0,732[A]}{2} = 0,366[A]}.$$

(PDR. 36)

Recordando que cada uno de los diodos conduce solo la mitad del período y utilizando el mismo procedimiento que en la ecuación (PDR. 22), el valor de la corriente eficaz por cada uno de los diodos resulta ser:

$$I_{Def}^2 = \frac{1}{T}\left\{\int_0^{T/2}\left[\frac{V_m sen(\omega t) - 2\overbrace{V_\gamma}^{=0}}{R_L + 2\underbrace{R_f}_{=0}}\right]^2 dt + \int_{T/2}^T \overbrace{0^2\, dt}^{=0}\right\} =$$

$$= \frac{1}{T}\left\{\int_0^{T/2}\left[\frac{V_m sen(\omega t)}{R_L}\right]^2 dt\right\} = \frac{V_m^2}{4\,R_L^2} \Rightarrow$$

(PDR. 37)

$$\Rightarrow I_{Def} = \frac{V_m}{2\,R_L} = \frac{I_{max}}{2} \Rightarrow \boxed{I_{Def} = \frac{1,15[A]}{2} = 0,575[A]}.$$

e) POTENCIA DISIPADA EN LA CARGA R_L:

Se obtiene utilizando la Ley de Joule, ecuación (PDR. 28), página 28:

$$P_L = I_{Lef}^2 R_L = I_{ef}^2 R_L = (0,813[A])^2 \cdot 270[\Omega] \Rightarrow \boxed{P_L = 178,46[W]}.$$

(PDR. 38)

Este problema no requiere resumen.

Problema DR. 4: rectificador con filtro de condensador C

Un alimentador consta de un transformador de relación de transformación $n = 10$, un puente de diodos (suponer diodos ideales), un filtro de condensador de capacidad C y una carga $R_L=100\,[\Omega]$. Si la tensión de entrada al alimentador es $V_{eft} = 230\,[V]$, trabajando a una frecuencia $f = 50\,[Hz]$, se pide, además de dibujar un esquema del conjunto (considerar la siguiente figura como guía), calcular:

a) El valor de la capacidad C del condensador necesaria para obtener una tensión de rizado $V_r = 1\,[V]$ pico a pico.
b) Tensión continua a la salida del alimentador cuando se utiliza, para el condensador, la capacidad C obtenida en a).

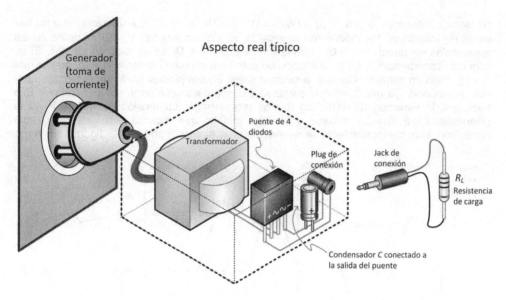

FIGURA PDR. 4.

PLANTEAMIENTO Y RESOLUCIÓN

DIBUJAMOS EL CIRCUITO: consiste en un transformador[10] conectado a la entrada del puente de diodos y un condensador en paralelo con una carga a la salida:

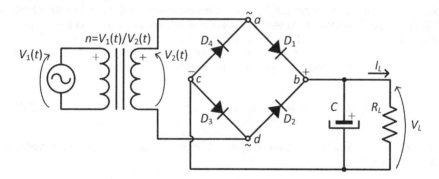

En este caso, la $V_i(t)$ especificada como tensión de alimentación del puente de diodos será $V_2(t)$.

a) ¿CÓMO CALCULAMOS EL VALOR DE C PARA QUE EL RIZADO SEA $V_r = 1$ VOLTIO PICO A PICO?

Debemos saber primeramente qué es la tensión de rizado. Si el condensador no estuviese presente, la tensión sobre R_L sería la tensión $V_i(t)$ rectificada, según vimos en los

---

[10] Para la definición de transformador, ver, por ejemplo, *Electricidad básica. Problemas resueltos* (editorial StarBook, 2012) de los mismos autores de este libro.

problemas anteriores, o sea, $V_L(t) = |V_i(t)| = |V_2(t)| = |V_{2m}sen(\omega t)|$, considerando que no hay caída de tensión en los diodos (no hay caída de tensión umbral, $V_\gamma = 0$, ni caída en las resistencias en directa, $R_f = 0$), porque los diodos D_1 a D_4 se consideran ideales. Si se conecta el condensador, en los extremos de este también habrá la tensión $V_L(t)$, puesto que C y R_L están en paralelo. Como C almacena carga en sus placas, hará que la tensión varíe más lentamente (ya que tiene que cargarse y descargarse conforme pasa el tiempo). Eso hace que la variación de $V_L(t)$ sea menos pronunciada. La tensión de rizado V_r es **la diferencia** entre el valor máximo y el valor mínimo que alcanza $V_L(t)$ cuando C está conectado. Este comportamiento se representa en la siguiente gráfica (ver figura derecha):

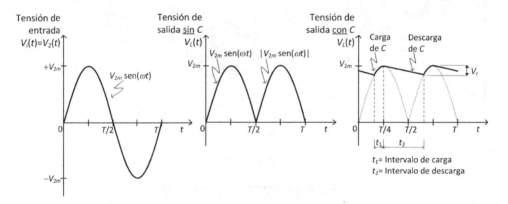

Para calcular el valor de V_r, analicemos, de las últimas figuras, la de la derecha. En ella vemos que desde $t = T/4$ hasta $t = T/4 + t_2$, la tensión del condensador disminuye, precisamente, en un valor V_r. Esto sucede porque, en ese lapso, C pierde carga. De la teoría de circuitos RC, se sabe que la tensión en extremos de C cuando este se descarga es[11] $V_C(t) = V_{CI}e^{-t/\tau}$, siendo V_{CI} la tensión en el condensador al iniciarse la descarga, $\tau = R \cdot C$ la constante de tiempo y t el lapso de tiempo que transcurre desde que C empieza a descargarse. Entonces, en el caso de este ejemplo, empezando a contar el tiempo en el instante $t_{inicial} = T/4$, tendremos la tensión V_C al finalizar la descarga ($t_{final} = T/4 + t_2$):

$$V_C \left(\text{al finalizar la descarga}\right) = V_{2m}e^{-t_2/R_LC} ,\qquad\qquad \text{(PDR. 39)}$$

en donde hemos tenido en cuenta que, al iniciarse la descarga, la tensión en el condensador era V_{2m}.

Podemos simplificar esta ecuación.

Si consideramos $R_LC \gg t_2$ (el tiempo necesario para que el condensador se descargue es muy grande comparado con el intervalo disponible para la descarga), tendremos que $t_2 / R_LC \ll 1$ (t_2 sobre R_LC mucho menor que 1), entonces:

---

[11] Ver, por ejemplo, *Electricidad básica. Problemas resueltos* (editorial StarBook, 2012) de los mismos autores de este libro.

$$e^{-t_2/R_L C} \approx 1 - \frac{t_2}{R_L C} \approx 1 - \frac{T}{2R_L C},$$

(PDR. 40)

en donde[12] hemos supuesto que t_2 es aproximadamente igual a $T/2=1/(2f)$, según se observa en la figura anterior. De dicha figura, y de la simplificación anterior, podemos deducir el valor del rizado:

$$V_r = V_{2m} - V_{2m} e^{-t_2/R_L C} = V_{2m} - V_{2m}\left(1 - \frac{T}{2R_L C}\right) = \frac{V_{2m}T}{2R_L C} = \frac{V_{2m}}{2fR_L C}.$$

(PDR. 41)

OBSERVAMOS: como $\tau = R_L C \Rightarrow V_r = V_{2m}\,[(T/2)/\tau]$, es decir, que V_r es la tensión máxima multiplicada por la relación entre $T/2$ y τ. Si $\tau \gg T/2 \Rightarrow (T/2)/\tau \ll 1 \Rightarrow V_r$ es pequeña comparada con la tensión máxima.

Para hallar el valor de V_{2m}, utilizamos la definición de relación de transformación n (tensión de entrada V_1 del transformador entre la tensión de salida V_2):

$$n = \frac{V_1(t)}{V_2(t)} = \frac{V_{1m}sen(\omega t)}{V_{2m}sen(\omega t)} = \frac{V_{1m}}{V_{2m}} \Rightarrow V_{2m} = \frac{V_{1m}}{n} = \frac{\sqrt{2}\,V_{1ef}}{n} \Rightarrow$$

(PDR. 42)

$$\Rightarrow \boxed{V_{2m} = \frac{\sqrt{2}\cdot 230[V]}{10} = 32,5[V]}.$$

¿QUÉ SIGNIFICA ESTE RESULTADO?

Como la relación de transformación es $n = 10$, al pasar del primario al secundario del transformador, la tensión se ha reducido en esa proporción. Este tipo de configuración se denomina "Transformador Reductor", porque al pasar del primario al secundario la tensión se reduce (las otras opciones serían "Transformador Elevador", cuando $n < 1$, y "Transformador Separador", cuando $n = 1$, ya que en este último caso no varía la tensión al pasar del primario al secundario: solo se separan eléctricamente y quedan acopladas magnéticamente –el transformador es eso: un acoplador electromagnético–).

En esta última ecuación, hemos podido simplificar las expresiones sen(ωt), porque ambas tensiones comparten la misma frecuencia angular ω (esta es una característica de los transformadores ideales: la frecuencia del voltaje de salida es la misma que la del voltaje de entrada).

Por lo tanto, ya podemos calcular el valor de la capacidad C del condensador:

$$V_r = \frac{V_{2m}}{2fR_L C} \Rightarrow C = \frac{V_{2m}}{2fR_L V_r} = \frac{32,5[V]}{2\cdot 50[Hz]\cdot 100[\Omega]\cdot 1[V]} \Rightarrow$$

(PDR. 43)

$$\Rightarrow \boxed{C = 0,00325[F] = 3250[\mu F]}.$$

---

[12] Esto proviene de la aproximación matemática $e^{-x} \approx 1-x$ cuando $x \ll 1$.

¿QUÉ SIGNIFICA ESTE RESULTADO?

Que para obtener un rizado de 1 voltio, hay que conectar a la salida de este circuito un condensador con una capacidad de 3250 [μF]. Si se utiliza una capacidad más pequeña, se tendrá un rizado más grande (ya que la tensión de rizado es inversamente proporcional al valor C, según se observa en la ecuación anterior).

NOS PREGUNTAMOS: ¿POR QUÉ $T = 1 / f$?

La frecuencia f indica el número de veces que la $V_l(t)$ completa su ciclo por unidad de tiempo. Es decir, $f = 50$ [Hz] = 50 [ciclos/seg] significa que en 1 segundo la tensión oscila 50 veces (se repiten 50 sinusoides). El período T indica, por otra parte, la duración de cada sinusoide. Por lo tanto, en este caso específico, si se tienen 50 ciclos en 1 segundo, entonces hay que dividir 1 segundo por 50 para saber cuánto dura cada ciclo ⇒ $T = 1/f = 1/50 = 0,02$ [seg], que es la relación entre T y f que se especifica siempre.

b) ¿CÓMO CALCULAMOS EL VALOR MEDIO DE LA TENSIÓN $V_L(t)$?

Según la siguiente figura, el valor promedio de $V_L(t)$, al que llamamos V_{dc}, se puede aproximar al siguiente resultado:

$$V_{dc} \cong V_{2m} - \frac{V_r}{2}. \qquad \text{(PDR. 44)}$$

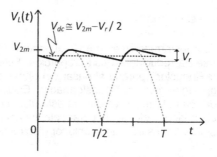

Sustituyendo este valor en la fórmula anterior, tenemos:

$$V_{dc} = V_{2m} - \frac{V_r}{2} = 32,5[V] - \frac{1[V]}{2} \Rightarrow \boxed{V_{dc} = 32[V]}. \qquad \text{(PDR. 45)}$$

¿QUÉ SIGNIFICA ESTE RESULTADO?

Que, en promedio, la tensión de salida tendrá 32 voltios, pero oscilará entre 32,5 voltios ($V_{dc} + V_r/2$) y 31,5 voltios ($V_{dc} - V_r/2$). Esa variación de $\pm V_r/2 = \pm 0,5$ [V] se debe a la carga y descarga continua del condensador C.

NOS PREGUNTAMOS: SI EL RECTIFICADOR NO TUVIESE CONDENSADOR, ¿CUÁL SERÍA LA TENSIÓN DE RIZADO?

Sin condensador, la tensión de salida oscila entre 0 [V] y V_{2m}= 32,5 [V], o sea que V_r = V_{2m} = 32,5 [V]. La idea de conectar C se basa en la reducción de dicha oscilación, de manera que la tensión de salida se parezca lo más posible a una fuente de voltaje constante en el tiempo.

Un circuito rectificador ideal sería aquel que a la entrada se conecta una tensión variable (sinusoidal en este caso), y a la salida se obtiene una tensión invariable, continua, como la de una pila (también ideal). Los cargadores de los móviles y de los portátiles tienen esa configuración básica: un transformador en el que el primario se conecta a la red de alimentación (de 220 [V] eficaces) y en el secundario se obtiene una tensión alterna reducida (puede ser de 9 [V] eficaces, por ejemplo); esta se rectifica (en onda completa) mediante un puente de diodos, y luego la tensión se filtra a través de un condensador, incluyéndose en algunos casos un diodo estabilizador especial, llamado diodo Zener, una configuración que no veremos en este libro.

Resumen PDR. 4

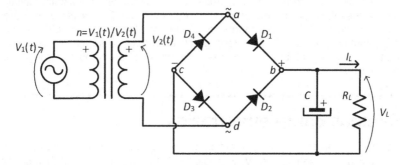

DATOS:

$V_1(t)$ = tensión sinusoidal conectada al primario = V_m sen(ωt) = $\sqrt{2}\ V_{ef}$ sen($2\pi f t$)

V_{1ef} = tensión eficaz en el primario del transformador = 230 [V]

f = frecuencia del voltaje = 50 [Hz]

n = relación de transformación = 10

D_1 a D_4: diodos ideales

R_L = resistencia de carga = 100 [Ω]

V_r = tensión de rizado (de V_L) = 1 [V] pico a pico

INCÓGNITAS:

C = valor de la capacidad del condensador para la tensión de rizado V_r = ?

V_{dc} = valor medio de la tensión de salida = ?

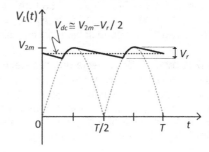

a) VALOR DE C PARA OBTENER UNA TENSIÓN DE RIZADO $V_r = 1$ [V]:

Analizando la tensión del condensador en proceso de descarga se obtiene:

$$V_r = \frac{V_{2m}}{2fR_L C}.$$ (PDR. 41)

Valor de la tensión máxima en el secundario:

$$n = \frac{V_1(t)}{V_2(t)} = \frac{V_{1m}sen(\omega t)}{V_{2m}sen(\omega t)} = \frac{V_{1m}}{V_{2m}} \Rightarrow V_{2m} = \frac{V_{1m}}{n} = \frac{\sqrt{2}V_{1ef}}{n} \Rightarrow \boxed{V_{2m} = \frac{\sqrt{2}\cdot 230[V]}{10} = 32,5[V]}.$$ (PDR. 42)

Obtenemos la capacidad C:

$$C = \frac{V_{2m}}{2fR_L V_r} = \frac{32,5[V]}{2\cdot 50[Hz]\cdot 100[\Omega]\cdot 1[V]} \Rightarrow \boxed{C = 0,00325[F] = 3250[\mu F]}.$$ (PDR. 43)

b) VALOR MEDIO DE LA TENSIÓN V_L:

$$V_{dc} \cong V_{2m} - \frac{V_r}{2} = 32,5[V] - \frac{1[V]}{2} \Rightarrow \boxed{V_{dc} = 32[V]}.$$ (PDR. 45)

Se recomienda resolver los problemas complementarios, de dificultad similar a la de los ejercicios resueltos que se exponen a lo largo del libro. Es conveniente, para asimilar conceptos, que se resuelvan aplicando continuamente las preguntas QCP (¿qué?, ¿qué significa?, ¿cómo?, ¿por qué?). Conviene practicar hasta que se manipulen los conceptos con fluidez. Es posible cambiar los valores numéricos de los datos para disponer de más problemas para practicar.

Problemas complementarios

PDRCOMPL. 1. Se tiene un circuito rectificador de media onda compuesto por una fuente de tensión $V_i(t) = 19\ sen(100\pi t)$ [V] y un diodo D ($R_f = 5$ [Ω], $V_\gamma = 0,7$ [V]), conectado a una resistencia de carga $R_L = 150$ [Ω]. a) Dibujar el circuito completo; b) calcular las corrientes media I_{dc} y eficaz I_{ef} en la R_L y en el diodo D; c) si el diodo soporta una tensión inversa máxima $V_Z = 20$ [V], indicar si corre peligro de estropearse hallando el voltaje de pico inverso V_{Dpinv} del diodo y comparándolo con V_Z. RESPUESTAS: b) valores exactos ($V_\gamma = 0,7$ [V]): $I_{dc} = 37,58$ [mA], $I_{ef} = 59,03$ [mA]; valores aproximados ($V_\gamma = 0$): $I_{dc} = 39,02$ [mA], $I_{ef} = 61,29$ [mA]; c) $V_{Dpinv} = 19 < V_Z = 20$ [V] $\Rightarrow$ diodo a salvo. RECOMENDACIÓN: deducir las fórmulas, sin copiarlas de problemas anteriores.

PDRCOMPL. 2. Se conecta una resistencia de carga $R_L = 1$ [kΩ] a un circuito rectificador de onda completa compuesto por cuatro diodos ideales ($V_\gamma = 0$, $R_f = 0$) conectados a una fuente de tensión $V_i(t) = 50\ sen(100\pi t)$ [V]. Calcular las corrientes media I_{dc} y eficaz I_{ef} en la carga, así como la corriente eficaz I_{Def} en cualquiera de los diodos. Hallar el valor de potencia disipada por la resistencia. RESPUESTAS: $I_{dc} = 31,83$ [mA], $I_{ef} = 35,35$ [mA], $I_{Def} = 25$ [mA], $P_{RL} = 1,25$ [W].

PDRCOMPL. 3. A la salida del rectificador del problema anterior (en paralelo con la R_L) se conecta un condensador $C = 2500$ [μF] = $2,5\cdot 10^{-3}$ [F]. Calcular la tensión de rizado V_r y la tensión media de salida V_{Ldc}. RESPUESTAS: $V_r = 0,2$ [V], $V_{L,dc} = 49,9$ [V].

Capítulo 2

TRANSISTORES BIPOLARES (BJT)

"No entiendes realmente algo a menos que seas capaz de explicárselo a tu abuela".

Albert Einstein.

2.1. CONOCIMIENTOS REQUERIDOS

Para los problemas que se presentan a continuación es necesario saber resolver correctamente problemas de corriente continua. También es útil conocer el comportamiento del transistor bipolar con sus modelos equivalentes. Esto último se presenta a continuación. En este libro nos centraremos en circuitos con transistores BJT (del inglés *Bipolar Junction Transistor* o Transistor de Unión Bipolar) en configuración de emisor común.

☑ TRANSISTOR BIPOLAR BJT: es un dispositivo semiconductor compuesto por tres terminales de conexión: Colector **C**, Base **B** y Emisor **E**. La función primordial de un transistor es la de controlar la Corriente de Colector I_C a través de la Corriente de Base I_B.

☑ Existen dos tipos de transistores bipolares: tipo NPN y tipo PNP, cuyos símbolos usuales se presentan a continuación:

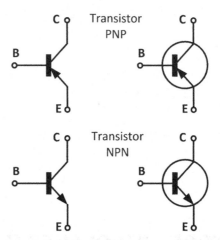

☑ Como ayuda al razonamiento, resulta útil considerar al transistor bipolar **como si estuviese compuesto** por dos diodos contrapuestos (ver siguiente figura).

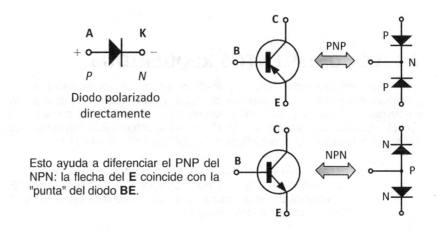

Diodo polarizado directamente

Esto ayuda a diferenciar el PNP del NPN: la flecha del **E** coincide con la "punta" del diodo **BE**.

Nota importante: el transistor **no se comporta como dos diodos contrapuestos**, por eso este modelo no sirve para realizar el análisis, **solo se utiliza como mnemotecnia**.

☑ Relaciones básicas de las corrientes y tensiones de los transistores:

$I_E = I_C + I_B$ (Ley de Kirchhoff de los nudos para ambos, NPN y PNP),

$V_{CE} = V_{CB} + V_{BE}$ (Ley de Kirchhoff de las mallas para NPN),   (PTB. 1)

$V_{EC} = V_{BC} + V_{EB}$ (Ley de Kirchhoff de las mallas para PNP).

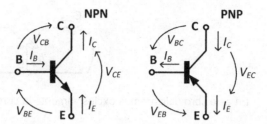

Como en general $I_B \ll I_C$, usualmente se considera $I_E = I_C$.

☑ **CONFIGURACIONES BÁSICAS**: existen tres configuraciones básicas que indican cómo está conectado el transistor al circuito externo. El nombre indica cuál es el terminal que es común a las mallas de entrada y salida.

    ✓ **CONFIGURACIÓN DE EMISOR COMÚN**: la conexión al emisor corresponde tanto a la malla de entrada como a la de salida

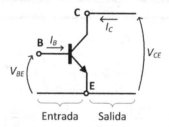

    ✓ **CONFIGURACIÓN DE COLECTOR COMÚN**: la entrada corresponde a la tensión base-colector, mientras que la salida corresponde a la tensión emisor-colector.

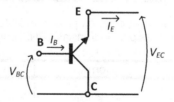

    ✓ **CONFIGURACIÓN DE BASE COMÚN**: con un transistor PNP, el terminal del emisor corresponde a la entrada, mientras que el del colector corresponde a la salida, con la base como terminal común.

En este libro utilizaremos exclusivamente la configuración de emisor común.

☑ **ESTADOS DEL TRANSISTOR BJT Y SUS MODELOS CIRCUITALES EQUIVALENTES**: la condición de corte o conducción del transistor depende del valor del voltaje entre base y emisor ($V_{BE} < V_{BE\gamma}$ para corte, $V_{BE} \geq V_{BE\gamma}$ para conducción). Además, si está en conducción, la condición de que esté en estado activo o de saturación depende del voltaje entre colector y emisor ($V_{CE} > V_{CESat}$ para conducción en activa, $V_{CE} = V_{CESat}$ para conducción en saturación). En la siguiente tabla se presenta un resumen de los estados y los modelos circuitales por los que puede reemplazarse el transistor NPN.

ESTADO	CORTE	ACTIVA	SATURACIÓN
CONDICIONES	$V_{BE} < V_{BE\gamma}$		$V_{BE} \geq V_{BE\gamma}$
	$I_B = I_C = 0$	$V_{BE} = V_{BEAct}$ $I_C = \beta I_B$	$V_{BE} = V_{BESat}$ $V_{CE} = V_{CESat};\ I_C \leq \beta I_B$
MODELO EQUIVALENTE (NPN)			

Análogamente, es posible establecer las condiciones y modelos circuitales equivalentes para el transistor PNP, según se indica en la siguiente tabla.

ESTADO	CORTE	ACTIVA	SATURACIÓN
CONDICIONES	$V_{EB} < V_{EB\gamma}$		$V_{EB} \geq V_{EB\gamma}$
	$I_B = I_C = 0$	$V_{EB} = V_{EBAct}$ $I_C = \beta I_B$	$V_{EB} = V_{EBSat}$ $V_{EC} = V_{ECSat};\ I_C \leq \beta I_B$
MODELO EQUIVALENTE (PNP)			

Según se observa, las condiciones son completamente equivalentes, simplemente teniendo en cuenta que, para las tensiones, se intercambian los subíndices y, para las flechas indicando corrientes y tensiones, se invierten los sentidos.

☑ **VALORES TÍPICOS DE TENSIONES DE CORTE, ACTIVA Y SATURACIÓN**: en la siguiente tabla se indican los valores típicos de tensiones utilizados en este libro.

RESUMEN DE VALORES TÍPICOS DE TENSIÓN EN TRANSISTORES DE SILICIO			
CORTE	ACTIVA	SATURACIÓN	
$V_{BE\gamma}, V_{EB\gamma}$	V_{BEAct}, V_{EBAct}	V_{BESat}, V_{EBSat}	V_{CESat}, V_{ECSat}
0,5 [V]	0,7 [V]	0,8 [V]	0,2 [V]

Problema TB. 1. NPN: circuito en configuración de emisor común (I)

En el circuito de la siguiente figura, Q es un transistor bipolar NPN con una $\beta = 50$. Dibujar el esquema correspondiente y a continuación calcular:

a) Valor de V_o para $V_e = 0$ [V].

b) Valor de V_o para $V_e = 3$ [V].

c) Valor de V_o para $V_e = 12$ [V].

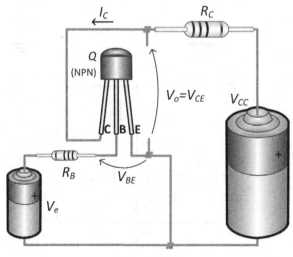

FIGURA TB. 1.

<u>**PLANTEAMIENTO Y RESOLUCIÓN**</u>

a)   ¿CÓMO CALCULAMOS V_o CUANDO $V_e = 0$?

Primero dibujamos el esquema. Hay varias maneras de hacerlo. En la figura TB.1.1 se observan dos esquemas simplificados (esquemas A y B, en los que las fuentes no se dibujan, sino que solo se representan por terminales –pequeños círculos– sobre los que se indica el voltaje correspondiente), y un esquema detallado (representación C). Este último se utilizará siempre que deseemos dejar clara la deducción de las ecuaciones de malla. En el diagrama detallado se representan explícitamente las fuentes de tensión, que, para este caso específico, corresponden a V_e y V_{CC}. Por último, vemos que es posible establecer V_{CC} = 30 en lugar de V_{CC} = 30 [V], indicando implícitamente que las unidades para las tensiones son los voltios, y, de modo análogo, R_C = 2k o bien R_C = 2 [kΩ], estableciendo para las resistencias la unidad fundamental, el ohmio.

OBSERVAMOS: mientras que V_e y V_{CC} corresponden a fuentes de tensión, V_o es simplemente la tensión medida entre colector y emisor, es decir, $V_o = V_{CE}$. Esto es así porque V_e representa la tensión que le debemos aplicar a la entrada (señal de entrada, que por sencillez la consideramos una fuente de tensión continua, aunque podría variar), V_{CC} es la tensión de alimentación del colector (fuente de tensión continua, constante), y V_o es la tensión que se obtiene a la salida del transistor.

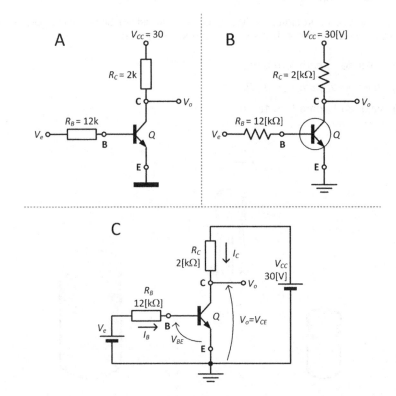

FIGURA TB.1.1. Ejemplos de diferentes tipos de esquemas para el circuito dado: A y B, esquemas simplificados; C, esquema desarrollado. Usaremos indistintamente cualquiera de los tres tipos.

IMPORTANTE: siempre que haya terminales en donde se indiquen valores de tensiones, se sobreentenderá que estas se miden respecto de masa (establecida por los símbolos ⊥ o bien ⊥). El potencial de masa se considera nulo ($V_{masa} = 0$ [V]).

Para analizar el circuito necesitamos determinar el comportamiento del transistor. Esto es sencillo, fundamentalmente necesitamos saber el valor de V_{BE}:

☑ Si $V_{BE} < V_{BE\gamma} = 0,5$ [V] $\Rightarrow$ el transistor está EN CORTE (no conduce): $I_B = I_C = 0$.

☑ Si $V_{BE} \geq V_{BE\gamma} = 0,5$ [V] $\Rightarrow$ el transistor está CONDUCIENDO: $I_B \neq 0$ e $I_C \neq 0$. Entonces, en este caso, puede estar en dos zonas:

    ✓ ZONA ACTIVA: consideramos que entre base y emisor el voltaje es constante $V_{BE} = V_{BEAct} = 0,7$ [V] mientras que la corriente de colector es proporcional a la de base: $I_C = \beta I_B$ (β es la Ganancia de Corriente en emisor común).

    ✓ ZONA DE SATURACIÓN: consideramos que entre base y emisor la tensión es constante $V_{BE} = V_{BESat} = 0,8$ [V]. También la tensión colector-emisor es constante $V_{CE} = V_{CESat} = 0,2$ [V]. Además, se cumple que $I_C \leq \beta I_B$.

Es decir: todo depende de si V_{BE} es menor o mayor a $V_{BE\gamma} = 0,5$ [V].

MNEMOTECNIA: para que el transistor conduzca, la tensión V_{BE} tiene que ser mayor que la tensión umbral V_γ del diodo B–E.

Analizando la malla de entrada (malla compuesta por, según se indica en la figura de la derecha, V_e, R_B y la unión base-emisor), tenemos:

$$V_e - I_B R_B - V_{BE} = 0. \qquad\qquad\qquad \text{(PTB. 2)}$$

Si $V_e = 0 \Rightarrow I_B = 0 \Rightarrow V_e - 0 \cdot R_B - V_{BE} = 0$, por lo tanto $V_e = V_{BE} = 0$. Como para que el transistor Q se active necesita que $V_{BE} \geq V_{BE\gamma} = 0,5$ [V] $\Rightarrow$ Q está **en corte** $\Rightarrow I_C = 0$. Esto se observa con claridad en la figura de la derecha en la que se ha reemplazado el transistor por su modelo equivalente en corte.

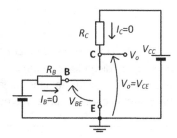

Pasamos ahora a la malla de salida (según la figura de la derecha, compuesta por V_{CC}, R_C y la unión colector-emisor):

$$V_{CC} - I_C R_C - V_{CE} = 0. \qquad\qquad \text{(PTB. 3)}$$

Como $I_C = 0 \Rightarrow V_{CC} - 0 \cdot R_C - V_{CE} = 0 \Rightarrow V_{CE} = V_{CC}$.

De modo que: $V_o = V_{CE} = V_{CC} \Rightarrow \boxed{V_o = 30\,[\text{V}]}$. \qquad (PTB. 4)

CONCLUSIÓN: cuando $V_e = 0$, a la salida obtenemos V_{CC}, la tensión de alimentación del colector. El transistor está "cortado", es como si entre **C** y **E** hubiese un circuito abierto.

b)   ¿QUÉ PASA CUANDO $V_e \neq 0$?

Verificamos inicialmente si $V_{BE} \geq V_{BE\gamma}$. Vemos que si $V_{BE} = V_e = 3\,[\text{V}] > 0,5\,[\text{V}] \Rightarrow$ el transistor está **en conducción**. Entonces podrá estar en **Zona Activa** o en **Zona de Saturación**. Como no sabemos el estado, **debemos suponer uno de ellos** (cualquiera) y realizar los cálculos. **Luego hay que comprobar** para ver si nuestra suposición es correcta. Si no lo es, pasaríamos a la otra opción[13].

SUPONGAMOS QUE Q ESTÁ EN ACTIVA. Reemplazamos el transistor por su modelo equivalente:

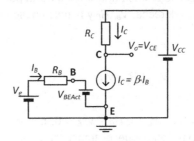

MNEMOTECNIA: para recordar cómo establecer el sentido de V_{BEAct}, debemos tener en cuenta que dicha tensión umbral "se opone" a la corriente de base I_B, por lo tanto, su borne positivo ha de estar del lado de la base (las fuentes de tensión, de alguna manera, intentan "empujar" la corriente para que esta salga por su borne positivo).

---

[13] Con la práctica continua, uno aprende a intuir en qué estado podría encontrarse el transistor. Es decir, la experiencia ayuda a realizar los cálculos con mayor rapidez y evitar suposiciones incorrectas. De todas maneras, siempre hay que comprobar los resultados, para evitar respuestas incorrectas, algo que aquí se realiza explícitamente.

En ese caso (ver condiciones establecidas después de la FIGURA TB.5), $V_{BE} = V_{BEAct}$ = 0,7 [V]. La ecuación de malla de base (PTB.1) nos permitirá hallar la corriente de base:

$$V_e - I_B R_B - V_{BE} = 0 \Rightarrow I_B = \frac{V_e - V_{BE}}{R_B} \Rightarrow$$

$$\Rightarrow I_B = \frac{3[V] - 0,7[V]}{12000[\Omega]} = \frac{0,192}{1000}[A] \Rightarrow \boxed{I_B = 0,192[mA]}.$$

(PTB. 5)

En zona activa, la corriente de colector es proporcional a la de base, por lo tanto:

$$I_C = \beta I_B \Rightarrow I_C = 50 \cdot 0,192[mA] = 9,58[mA].$$

(PTB. 6)

Con la ayuda de la ecuación de malla de colector podemos calcular la tensión de salida $V_o = V_{CE}$:

$$V_{CC} - I_C R_C - V_{CE} = 0 \Rightarrow V_{CE} = V_{CC} - I_C R_C$$

$$\Rightarrow V_{CE} = 30[V] - \frac{9,58}{1000}[A] \cdot 2 \cdot 1000[\Omega] = 30[V] - 9,58[mA] \cdot 2[k\Omega]$$

(PTB. 7)

$$\Rightarrow \boxed{V_{CE} = 10,8[V]}.$$

Ahora VERIFICAMOS QUE LA SUPOSICIÓN DE QUE Q ESTÁ EN ACTIVA ES CORRECTA.

Para ello, la tensión colector emisor tiene que ser mayor que la V_{CESat} ($V_{CE} = V_{CESat}$ corresponde a la saturación del transistor, es la tensión mínima que puede alcanzar V_{CE}, haciendo que con ello, de acuerdo a la ecuación de malla de colector, I_C alcance su valor máximo: valor de saturación).

Comprobamos:

$$V_{CE} = 10,8[V]; V_{CESat} = 0,2[V] \Rightarrow V_{CE} > V_{CESat} \Rightarrow \text{Se verifica} \Rightarrow Q \text{ en activa.} \quad \text{(PTB. 8)}$$

OBSERVACIÓN: según la ecuación PTB.6, si expresamos las corrientes en mA y las resistencias en kΩ, el resultado es correcto, siempre y cuando las tensiones estén en voltios. Considerar miliamperios y kiloohmios a veces simplifica la escritura de los cálculos, además de mejorar la precisión de los datos (ADVERTENCIA: no mezclar mA con Ω, ni A con kΩ).

c)   ¿QUÉ PASA CUANDO $V_e = 12$ [V]?

Procedemos del modo indicado en el punto b).

$I_B = 0 \Rightarrow V_{BE} = V_e = 12$ [V] $> 0,5$ [V] $\Rightarrow$ el transistor está **en conducción**.

SUPONGAMOS Q EN ACTIVA:

$$V_e - I_B R_B - V_{BE} = 0 \Rightarrow I_B = \frac{V_e - V_{BE}}{R_B} = \frac{12[V] - 0,7[V]}{12[k\Omega]} \Rightarrow \boxed{I_B = 0,941[mA]}. \qquad \text{(PTB. 9)}$$

Como estamos suponiendo zona activa:

$$I_C = \beta I_B \Rightarrow I_C = 50 \cdot 0,941[mA] = 47,08[mA]. \qquad \text{(PTB. 10)}$$

De la ecuación de malla:

$$V_{CE} = 30[V] - 47,08[mA] \cdot 2[k\Omega] \Rightarrow \boxed{V_{CE} = -64,16[V]}. \qquad \text{(PTB. 11)}$$

Pero como V_{CE} no puede ser negativa, y tampoco su valor absoluto puede sobrepasar la V_{CC}, que es la tensión de alimentación de la malla de colector, entonces:

LA SUPOSICIÓN DE QUE Q ESTÁ EN ACTIVA ES INCORRECTA.

POR LO TANTO, SUPONEMOS Q EN SATURACIÓN: en ese caso, $V_{CE} = V_{CESat} = 0,2$ [V]. Reemplazamos el transistor por su modelo equivalente:

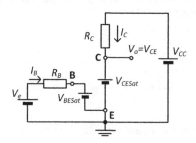

Analizamos la malla de colector. Luego pasaremos a la de base. Así tenemos:

$$V_{CC} - I_C R_C - V_{CE} = 0 \Rightarrow I_C = I_{CSat} = \frac{V_{CC} - V_{CE}}{R_C} \Rightarrow$$

$$\Rightarrow I_{CSat} = \frac{30[V] - 0,2[V]}{2[k\Omega]} \Rightarrow I_{CSat} = 14,9[mA]. \qquad \text{(PTB. 12)}$$

COMENTARIO: I_C se llama de saturación porque, como $I_C = (V_{CC}-V_{CE})/R_C \Rightarrow$ para V_{CC} y R_C dadas, I_C alcanzará su valor máximo cuando V_{CE} sea mínima, en este caso, 0,2 [V].

Verificamos que la suposición de que Q está en saturación es correcta. Para ello necesitamos comprobar que $I_{CSat} \leq \beta \cdot I_{BSat}$.

Analizamos la malla de base para hallar I_B, con $V_e = 12$ [V], y $V_{BE} = V_{BESat} = 0,8$ [V]:

$$V_e - I_B R_B - V_{BE} = 0 \Rightarrow I_{BSat} = \frac{V_e - V_{BE}}{R_B} \Rightarrow$$

$$\Rightarrow I_B = I_{BSat} = \frac{12[V] - 0,8[V]}{12[k\Omega]} \Rightarrow I_B = 0,933[mA].$$

(PTB. 13)

Como $\beta \cdot I_{BSat} = 50 \cdot 0,933$ [mA] $= 46,65$ [mA], e $I_{CSat} = 14,9$ [mA], vemos que:

$$14,9 \ [mA] \leq 46,65 \ [mA] \Rightarrow \text{SE VERIFICA: } \textbf{Q en saturación.}$$

(PTB. 14)

Finalmente:

$$\boxed{V_o = V_{CE} = 0,2[V]}$$

(PTB. 15)

Resumen PTB. 1

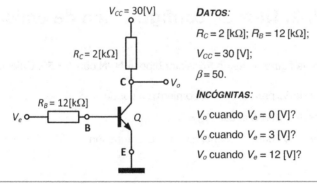

DATOS:

$R_C = 2$ [kΩ]; $R_B = 12$ [kΩ];

$V_{CC} = 30$ [V];

$\beta = 50$.

INCÓGNITAS:

V_o cuando $V_e = 0$ [V]?

V_o cuando $V_e = 3$ [V]?

V_o cuando $V_e = 12$ [V]?

a) $V_e = 0$, $V_o = ?$

Malla de base:

$$V_e - I_B R_B - V_{BE} = 0.$$

(PTB. 2)

$V_e = 0 \Rightarrow I_B = 0 \Rightarrow V_{BE} = V_e < V_{BE\gamma} \Rightarrow$ Q en corte $\Rightarrow I_C = 0$.

De la malla de colector:

$$V_{CC} - I_C R_C - V_{CE} = 0 \Rightarrow V_{CC} = V_{CE} = V_o = 30[\text{V}].$$

(PTB. 3)

b) $V_e = 3$ [V]: $V_e \geq V_{BE\gamma} = 0,5$ [V] $\Rightarrow Q$ en conducción. Suponemos Q en activa $\Rightarrow$

$\Rightarrow V_{BE} = V_{BEAct} = 0,7$ [V]:

$$V_e - I_B R_B - V_{BE} = 0 \Rightarrow I_B = \frac{V_e - V_{BE}}{R_B} = \frac{3[\text{V}] - 0,7[\text{V}]}{12[\text{k}\Omega]} = \boxed{I_B = 0,192[\text{mA}]},$$

(PTB. 5)

$$I_C = \beta \, I_B \Rightarrow I_C = 50 \cdot 0,192[\text{mA}] = 9,58[\text{mA}],$$

(PTB. 6)

$$V_{CC} - I_C R_C - V_{CE} = 0 \Rightarrow V_{CE} = 30[\text{V}] - 9,58[\text{mA}] \cdot 2[\text{k}\Omega] \Rightarrow V_{CE} = 10,8[\text{V}].$$

(PTB. 7)

Verificamos que Q está en activa:

$$V_{CE} = 10,8[\text{V}]; V_{CESat} = 0,2[\text{V}] \Rightarrow V_{CE} > V_{CESat} \Rightarrow Q \text{ en activa} \Rightarrow \boxed{V_o = V_{CE} = 10,8[\text{V}]}.$$

(PTB. 8)

c) $V_e = 12$ [V]: $V_e \geq V_{BE\gamma} = 0,5$ [V] $\Rightarrow Q$ en conducción. Suponemos Q en saturación

$\Rightarrow V_{CE} = V_{CESat} = 0,2$ [V]:

$$I_C = I_{CSat} = \frac{V_{CC} - V_{CE}}{R_C} \Rightarrow I_{CSat} = \frac{30[\text{V}] - 0,2[\text{V}]}{2[\text{k}\Omega]} = 14,9[\text{mA}],$$

(PTB. 12)

$$I_B = I_{BSat} = (V_e - V_{BE})/R_B = (12[\text{V}] - 0,8[\text{V}])/12[\text{k}\Omega] \Rightarrow I_B = 0,933[\text{mA}],$$

(PTB. 13)

Verificamos que Q está en saturación: $\beta I_{BSat} = 50 \cdot 0,933$ [mA] = 46,65 [mA], y I_{CSat} = 14,9 [mA]

$$I_{CSat} \leq I_{BSat} \Rightarrow 14,9[\text{mA}] \leq 46,65[\text{mA}] \Rightarrow Q \text{ en saturación} \Rightarrow \boxed{V_o = V_{CE} = 0,2[\text{V}]}.$$

(PTB. 15)

Problema TB. 2. NPN en configuración de emisor común (II)

En el circuito de la figura, Q es un transistor bipolar NPN con $\beta = 50$. Calcular:

a) Valor de V_e para el cual Q comienza a conducir.

b) Valor de V_e para el cual $V_o = 3$ [V].

c) Valor de V_e para el cual Q alcanza la saturación.

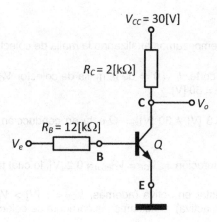

FIGURA TB. 2.

PLANTEAMIENTO Y RESOLUCIÓN

a)   CONDICIÓN PARA QUE Q EMPIECE A CONDUCIR (dibujamos explícitamente las fuentes, ver siguiente figura):

Para que Q conduzca es necesario que V_{BE} alcance la tensión umbral $V_{BE\gamma}$. Cuando Q está en corte, $I_B = 0$, por lo tanto, de (PTB. 2), vemos que $V_{BE} = V_e$:

Q empieza a conducir cuando $\boxed{V_e = V_{BE\gamma} = 0,5[V]}$.   (PTB. 16)

b) $V_O = 3\,[V] \Rightarrow V_e = ?$

Como V_o es dato, empezamos analizando la malla de colector.

Si Q estuviese en corte, $I_C = 0 \Rightarrow$ de la malla de colector $V_{CE} = V_{CC} - I_C R_C = V_{CC}$, es decir, V_o sería igual a $V_{CC} = 30\,[V]$.

Como $V_{CE} = V_o = 3\,[V] \neq 30\,[V] \Rightarrow Q$ está en conducción, por lo que Q estará en activa o en saturación.

Si estuviese en saturación $\Rightarrow V_{CE} = V_{CESat} = 0,2\,[V]$, lo cual tampoco es cierto.

Así que Q debe estar en activa (además, $V_{CE} = 3\,[V] > V_{CESat} = 0,2\,[V]$, que es la condición del transistor en activa). Calculamos la corriente de colector I_C, con $V_{CE} = V_o$:

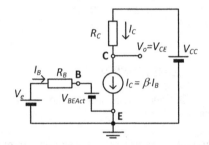

$$V_{CC} - I_C R_C - V_{CE} = 0 \Rightarrow I_C = \frac{V_{CC} - V_{CE}}{R_C} \Rightarrow I_{CSat} = \frac{30\,[V] - 3\,[V]}{2\,[k\Omega]} \Rightarrow I_C = 13,5\,[mA]. \qquad \text{(PTB. 17)}$$

Además, por estar en activa:

$$I_C = \beta I_B \Rightarrow I_B = \frac{I_C}{\beta} = \frac{13,5\,[mA]}{50} = 0,27\,[mA]. \qquad \text{(PTB. 18)}$$

Pasamos a la malla de base, considerando $V_{BE} = V_{BEAct} = 0,7\,[V]$:

$$V_e - I_B R_B - V_{BE} = 0 \Rightarrow V_e = I_B R_B + V_{BE} = 0,27\,[mA]\,12\,[k\Omega] + 0,7\,[V]$$
$$\Rightarrow \boxed{V_e = 3,94\,[V]}. \qquad \text{(PTB. 19)}$$

c) CONDICIÓN PARA QUE Q SATURE:

En este caso, $V_{CE} = V_{CESat} = 0,2\,[V]$.

La malla de salida establece una corriente de colector:

$$I_C = I_{CSat} = \frac{V_{CC} - V_{CE}}{R_C} = \frac{30\,[\text{V}] - 0,2\,[\text{V}]}{2\,[\text{k}\Omega]} \Rightarrow I_{CSat} = 14,9\,[\text{mA}].$$ (PTB. 20)

Nos preguntamos: ¿cuál es la corriente de base mínima I_{Bmin} con la que se alcanza la saturación? La obtenemos aplicando la relación $I_C \leq \beta\, I_B$, considerando el caso límite, es decir, la igualdad:

$$I_C = \beta\, I_B \Rightarrow I_{Bmin} = \frac{I_C}{\beta} = \frac{14,9\,[\text{mA}]}{50} = 0,298\,[\text{mA}].$$ (PTB. 21)

El voltaje V_e mínimo para producir esa I_{Bmin} es, analizando la malla de entrada y teniendo en cuenta que $V_{EBSat} = 0,8$ [V]:

$$V_e - I_B R_B - V_{BE} = 0 \Rightarrow V_{emin} = I_{Bmin} R_B + V_{BESat} = 0,298\,[\text{mA}]\,12\,[\text{k}\Omega] + 0,8\,[\text{V}]$$
$$\Rightarrow \boxed{V_{emin} = 4,38\,[\text{V}]}.$$ (PTB. 22)

Si $V_e > V_{emin} \Rightarrow I_B > I_{Bmin} \Rightarrow \beta I_B > I_{CSat}$, es decir, la corriente de base puede seguir aumentando, pero la I_C ha alcanzado su valor máximo, de saturación.

Este problema no requiere resumen.

Problema TB. 3. NPN en configuración de emisor común (III)

En el circuito de la figura, Q es un transistor bipolar NPN con $\beta = 50$. Calcular:

a) Valor de V_e para el cual Q comienza a conducir.

b) Valor de V_e para el cual $V_o = 10$ [V].

c) Valor mínimo de V_e para el cual Q alcanza la saturación.

d) Valor de V_o para $V_e = 0$ [V].

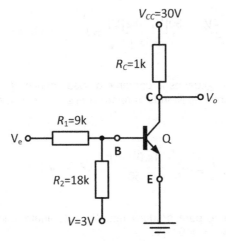

FIGURA TB. 3.

PLANTEAMIENTO Y RESOLUCIÓN

a)   ¿CÓMO HALLAMOS EL VALOR DE V_e PARA QUE Q EMPIECE A CONDUCIR?

Diagrama desarrollado:

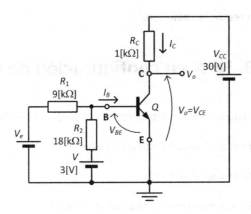

Como el problema nos pide calcular V_e tres veces (apartados a), b) y c)), para simplificar cálculos vamos a hallar el equivalente Thévenin[14] entre los puntos **B** y **E**:

---

[14] La técnica para hallar el equivalente Thévenin entre dos puntos de un circuito se detalla en *Electricidad básica. Problemas resueltos* (editorial StarBook, 2012) de los mismos autores de este libro.

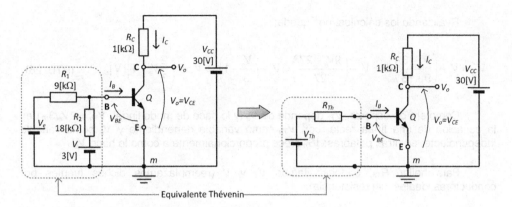

Equivalente Thévenin

En esta figura, considerando el subcircuito rodeado por la línea de puntos en el circuito de la izquierda, tenemos:

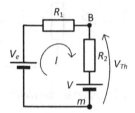

$$V_e - IR_1 - IR_2 - V = 0 \Rightarrow I = \frac{V_e - V}{R_1 + R_2},$$ (PTB. 23)

en la que hemos aplicado la Ley de Kirchhoff de las mallas, olvidando momentáneamente todo lo que está a la derecha de los puntos **B** (base) y *m* (masa), ya que esto es lo que requiere el teorema de Thévenin.

Pero vemos que, alternativamente, podemos escribir la ecuación de mallas anterior como $V_e - IR_1 - V_{Th} = 0$, por lo que:

$$V_e - IR_1 - V_{Th} = 0 \Rightarrow V_{Th} = V_e - IR_1 = V_e - \left(\frac{V_e - V}{R_1 + R_2}\right)R_1.$$ (PTB. 24)

Dando valores a las variables V_e, R_1 y R_2 obtenemos (trabajaremos en voltios, miliamperios y kiloohmios):

$$V_{Th} = V_e - \left(\frac{V_e - V}{R_1 + R_2}\right)R_1 = V_e - \left(\frac{V_e - 3[V]}{9[k\Omega] + 18[k\Omega]}\right) \cdot 9[k\Omega].$$ (PTB. 25)

Realizando los cálculos, nos queda:

$$V_{Th} = V_e - \left(\frac{V_e - 3}{9+18}\right) \cdot 9 = V_e - \left(\frac{9V_e - 27}{27}\right) = V_e - \left(\frac{V_e}{3} - 1\right) \Rightarrow V_{Th} = \left(\frac{2}{3}V_e + 1\right)[V].$$ (PTB. 26)

Como era de esperar, V_{Th} depende de V_e (y lo hace de modo lineal, $V_{Th} = 2V_e/3+1$ es la ecuación de una línea recta, con V_{Th} como variable dependiente y V_e como variable independiente; en otras palabras: V_{Th} crece proporcionalmente a como lo hace V_e).

Para hallar R_{Th}, cortocircuitamos V_e y V (reemplazamos dichas fuentes por conductores ideales, sin resistencia):

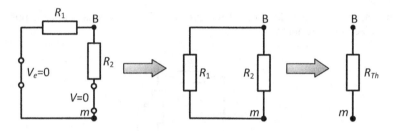

De modo que, como R_1 y R_2 están en paralelo:

$$\frac{1}{R_{Th}} = \frac{1}{R_1} + \frac{1}{R_2} \Rightarrow R_{Th} = \frac{R_1 R_2}{R_1 + R_2} = \frac{9 \cdot 18}{9+18} \Rightarrow R_{Th} = 6[k\Omega].$$ (PTB. 27)

Ahora estamos en condiciones de trabajar con el circuito simplificado.

Para que Q empiece a conducir, ha de cumplirse $V_{BE} = V_{BE\gamma} = 0,5$ [V], $I_B = 0$. Por lo tanto, considerando la malla de base con el equivalente de Thévenin ya implementado, tenemos:

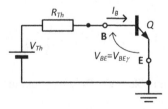

$$V_{Th} - I_B R_{Th} - V_{BE} = 0 \overset{\substack{I_B = 0, \\ V_{BE} = V_{BE\gamma}}}{\Rightarrow} V_{Th} = V_{BE\gamma} = 0,5[V],$$ (PTB. 28)

y aplicando la ecuación de V_{Th} en función de V_e, nos queda:

$$V_{Th} = \left(\frac{2}{3}V_e + 1\right)[V] = 0,5[V] \Rightarrow \frac{2}{3}V_e + 1 = 0,5 \Rightarrow \boxed{V_e = -0,75[V]}. \tag{PTB. 29}$$

¿QUÉ SIGNIFICA ESTE RESULTADO?

Esta es la tensión mínima V_e necesaria para que el transistor "se encienda". ¿Por qué no es nula o positiva? Si fuese nula, $V_{Th} = 2V_e/3+1 = (2/3)\cdot0+1 = 1$ [V] $>V_{BE}$, ya no estaría en el valor límite: sería superior a él. Para valores de V_e positivos, esta tensión sería aún mayor. Podríamos decir que V_e es negativa porque ya cuenta con la "ayuda" de la tensión $V = 3[V]$.

b) HALLAMOS AHORA EL VALOR DE V_e PARA EL CUAL $V_o = 10$ [V].

Como $V_{CE} = V_o = 10[V] > V_{CESat} = 0,2$ [V] y $V_{CE}<V_{CC}=30[V]$, entonces Q está en activa.

De la malla de colector (malla de salida), obtenemos:

$$V_{CC} - I_C R_C - V_{CE} = 0 \Rightarrow V_{CC} - I_C R_C - V_o = 0 \Rightarrow V_o = V_{CC} - I_C R_C. \tag{PTB. 30}$$

Resolvemos fácilmente. De la ecuación de malla de colector anterior, despejamos I_C (seguimos utilizando V, kΩ y mA):

$$V_{CC} - I_C R_C - V_o = 0 \Rightarrow I_C = \frac{V_{CC} - V_o}{R_C} = \frac{30[V] - 10[V]}{1[k\Omega]} \Rightarrow I_C = 20[mA]. \tag{PTB. 31}$$

Y estando en activa, la corriente de colector es proporcional a la corriente de base, con β como constante de proporcionalidad:

$$I_C = \beta I_B \Rightarrow I_B = \frac{I_C}{\beta} = \frac{20[mA]}{50} \Rightarrow I_B = 0,4[mA]. \tag{PTB. 32}$$

De la ecuación de malla de base (PTB. 28) obtenemos el voltaje Thévenin, recordando que, como Q está en activa, $V_{BE} = V_{BEAct} = 0,7$ [V]:

$$V_{Th} = I_B R_{Th} + V_{BE} = 0,4[mA]\cdot 6[k\Omega] + 0,7[V] \Rightarrow V_{Th} = 3,1[V]. \tag{PTB. 33}$$

De esta manera, V_e tiene el valor:

$$V_{Th} = \left(\frac{2}{3}V_e + 1\right)[V] = 3,1[V] \Rightarrow \frac{2}{3}V_e + 1 = 3,1 \Rightarrow \boxed{V_e = 3,15[V]}. \tag{PTB. 34}$$

c) ¿VALOR MÍNIMO DE V_e QUE HACE QUE EL TRANSISTOR ENTRE EN SATURACIÓN?

Aplicamos el mismo criterio que el establecido en el apartado c) del problema anterior. Consideramos $V_{CE} = V_{CESat} = 0,2$ [V]. Así, de la malla de colector, obtenemos:

$$I_C = I_{CSat} = \frac{V_{CC} - V_{CE}}{R_C} = \frac{30[V] - 0,2[V]}{1[k\Omega]} \Rightarrow I_{CSat} = 29,8[mA]. \qquad \text{(PTB. 35)}$$

La corriente de base mínima I_{Bmin} con la que se alcanza la saturación es, según se había visto en el apartado c) antes citado:

$$I_C = \beta I_B \Rightarrow I_{Bmin} = \frac{I_C}{\beta} = \frac{29,8[mA]}{50} = 0,596[mA]. \qquad \text{(PTB. 36)}$$

El voltaje V_{Th} mínimo para producir esa I_{Bmin} es, analizando la malla de entrada:

$$V_{Thmin} - I_B R_{Th} - V_{BE} = 0 \Rightarrow V_{Thmin} = I_{Bmin} R_{Th} + V_{BE\gamma Sat} = 0,596[mA]6[k\Omega] + 0,8[V]$$
$$\Rightarrow V_{Thmin} = 4,376[V], \qquad \text{(PTB. 37)}$$

por lo que la $V_{eSatmin}$ es, utilizando la ecuación (PTB. 26):

$$V_{Th} = \left(\frac{2}{3} V_{eSatmin} + 1\right)[V] = 4,38[V] \Rightarrow \frac{2}{3} V_{eSatmin} + 1 = 4,38 \Rightarrow \boxed{V_{eSatmin} = 5,064[V]}. \qquad \text{(PTB. 38)}$$

Una tensión V_e mayor que este valor mantiene el transistor en saturación.

d) ¿VALOR DE V_o CUANDO $V_e = 0$?

Utilizamos el mismo criterio que el del apartado a) del Problema TB.1 (ver página 46), así tenemos:

$$V_{Th} = \frac{2}{3} V_e + 1 \Rightarrow V_{Th}\big|_{V_e = 0} = \frac{2}{3} \cdot 0 + 1 \Rightarrow V_{Th} = V_{BE}\big|_{I_B = 0} = 1[V] > V_{BE\gamma} = 0,5[V]. \qquad \text{(PTB. 39)}$$

Por lo tanto Q estará en activa. No está en saturación porque, según el apartado anterior, $V_{eSatmin} = 5,064$ [V]. Así que, de la malla de base, ecuación (PTB. 28), y sabiendo que $V_{BEAct} = 0,7$ [V]:

$$V_{Th} - I_B R_{Th} - V_{BE} = 0 \Rightarrow I_B = \frac{V_{Th} - V_{BE}}{R_{Th}} = \frac{1[V] - 0,7[V]}{6[k\Omega]} \Rightarrow I_B = 0,05[mA]. \qquad \text{(PTB. 40)}$$

La corriente de colector es 50 veces este valor:

$$I_C = \beta I_B \Rightarrow I_C = 50 \cdot 0,05[mA] \Rightarrow I_C = 2,5[mA], \qquad \text{(PTB. 41)}$$

lo cual da una tensión de salida (usando la ecuación de malla de colector):

$$V_o = V_{CC} - I_C R_C = 30[V] - 2,5[mA] \cdot 1[k\Omega] \Rightarrow \boxed{V_o = 27,5[V]}. \qquad \text{(PTB. 42)}$$

A partir de aquí, y a menos que se indique lo contrario, trabajaremos en [V], [kΩ] y [mA], dejando las unidades implícitas, excepto en los resultados finales.

Resumen PTB. 3

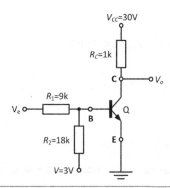

DATOS:

$R_1 = 9$ [kΩ]; $R_2 = 18$ [kΩ]; $R_C = 1$ [kΩ];

$V_{CC} = 30$ [V]; $V = 3$ [V]; $\beta = 50$.

INCÓGNITAS:

V_e para que Q conduzca = ?

V_e cuando $V_o = 10$ [V]?

V_e mínimo para que Q sature?

V_o cuando $V_e = 0$ [V]?

---

a) Q CONDUCE, V_e = ?

Voltaje y resistencia de Thévenin:

$$V_{Th} = V_e - \left(\frac{V_e - V}{R_1 + R_2}\right) \cdot R_1 = V_e - \left(\frac{V_e - 3}{9 + 18}\right) \cdot 9 \rightarrow V_{Th} = \left(\frac{2}{3}V_e + 1\right)[V]. \qquad \begin{array}{l}\text{(PTB. 25)}\\\text{(PTB. 26)}\end{array}$$

$$R_{Th} = R_1 R_2 / (R_1 + R_2) = 9 \cdot 18 / (9 + 18) \Rightarrow R_{Th} = 6[k\Omega]. \qquad \text{(PTB. 27)}$$

Cuando Q empieza a conducir, $V_{Th} = V_{BE} = V_{BE\gamma} = 0,5$ [V], $I_B = 0$. De la malla de base:

$$V_{Th} - I_B R_{Th} - V_{BE} = 0 \Rightarrow V_{Th} = V_{BE\gamma} = 0,5[V], \qquad \text{(PTB. 28)}$$

$$V_{Th} = \frac{2}{3}V_e + 1 = 0,5 \Rightarrow \boxed{V_e = -0,75[V]}. \qquad \text{(PTB. 29)}$$

b) $V_o = 10$ [V], $V_e = ?$

$V_o = V_{CE} = 10 \neq V_{CC} = 30 \Rightarrow Q$ en activa (no puede estar en saturación, puesto que $V_{CE} = 10 > V_{CESat} = 0,2$). De la malla de colector (malla de salida):

$$V_{CC} - I_C R_C - V_o = 0 \Rightarrow I_C = \frac{V_{CC} - V_o}{R_C} = \frac{30-10}{1} \Rightarrow I_C = 20[\text{mA}],$$
(PTB. 31)

$$I_C = \beta I_B \Rightarrow I_B = \frac{I_C}{\beta} = \frac{20}{50} \Rightarrow I_B = 0,4[\text{mA}].$$
(PTB. 32)

De la malla de base, sabiendo que $V_{BEAct} = 0,7$:

$$V_{Th} = I_B R_{Th} + V_{BE} = 0,4 \cdot 6 + 0,7 \Rightarrow V_{Th} = 3,1[\text{V}],$$
(PTB. 33)

$$V_{Th} = \frac{2}{3}V_e + 1 = 3,1 \Rightarrow \boxed{V_e = 3,15[\text{V}]}.$$
(PTB. 34)

c) Q EN SATURACIÓN $\Rightarrow V_e$ MÍNIMO?

Q en saturación $\Rightarrow V_{CE} = V_{CESat} = 0,2$.

$$I_C = I_{CSat} = \frac{V_{CC} - V_{CE}}{R_C} = \frac{30-0,2}{1} \Rightarrow I_{CSat} = 29,8[\text{mA}],$$
(PTB. 35)

$$I_C = \beta I_B \Rightarrow I_{Bmin} = \frac{I_C}{\beta} = \frac{29,8}{50} = 0,596[\text{mA}].$$
(PTB. 36)

Voltaje V_e mínimo para esa I_{Bmin}:

$$V_{Thmin} = I_{Bmin} R_{Th} + V_{BESat} = 0,596 \cdot 6 + 0,8 \Rightarrow V_{Thmin} = 4,376[\text{V}],$$
(PTB. 37)

$$V_{Th} = \frac{2}{3}V_{eSatmin} + 1 = 4,38 \Rightarrow \boxed{V_{eSatmin} = 5,064[\text{V}]}.$$
(PTB. 38)

d) VALOR DE V_o CUANDO $V_e = 0$?

$$V_{Th} = \frac{2}{3}V_e + 1 \Rightarrow V_{Th}|_{V_e=0} = \frac{2}{3} \cdot 0 + 1 \Rightarrow V_{Th} = V_{BE}|_{I_B=0} = 1[\text{V}] > V_{BE\gamma} = 0,5[\text{V}].$$
(PTB. 39)

Por lo tanto, Q está activo (no puede estar en saturación por (PTB. 38)). Con $V_{BEAct} = 0,7$ [V]:

$$V_{Th} - I_B R_{Th} - V_{BE} = 0 \Rightarrow I_B = \frac{V_{Th} - V_{BE}}{R_{Th}} = \frac{1-0,7}{6[\text{k}\Omega]} \Rightarrow I_B = 0,05[\text{mA}].$$
(PTB. 40)

Por lo tanto:

$$I_C = \beta I_B \Rightarrow I_C = 50 \cdot 0,05 \Rightarrow I_C = 2,5[\text{mA}],$$
(PTB. 41)

$$V_o = V_{CC} - I_C R_C = 30[\text{V}] - 2,5[\text{mA}] \cdot 1[\text{k}\Omega] \Rightarrow \boxed{V_o = 27,5[\text{V}]}.$$
(PTB. 42)

Problema TB. 4. PNP: circuito de emisor común

En el circuito de la figura, Q es un transistor bipolar PNP con una $\beta = 100$. Calcular:

a) Valor de V_e para el cual el transistor empieza a conducir.

b) Valor de V_e para $V_o = 1$ [V].

c) Valor máximo de V_e a partir del cual Q entra en saturación.

d) Valor de V_o cuando $V_e = 0$ [V].

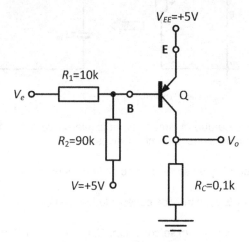

FIGURA TB. 4.

<u>**PLANTEAMIENTO Y RESOLUCIÓN**</u>

a)   ¿CÓMO HALLAMOS EL VALOR DE V_e PARA QUE Q EMPIECE A CONDUCIR?

Dibujamos primero el circuito desarrollado:

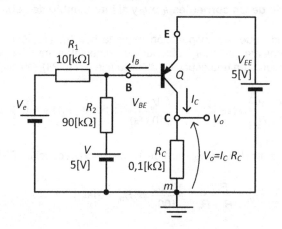

Antes de continuar, redibujemos el circuito para que nos resulte más sencillo realizar los cálculos, teniendo en cuenta, además, que en este caso también utilizaremos el equivalente Thévenin en la malla de entrada del circuito:

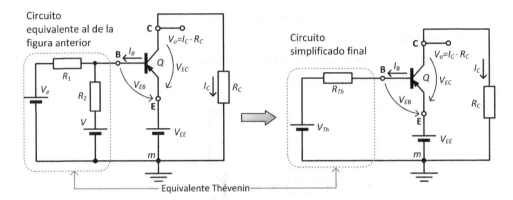

Para asegurarnos de que el circuito de la izquierda de esta figura es equivalente al de la figura TB.4, observamos que, en ambos casos:

→ Entre el colector **C** y masa *m* se conecta la resistencia R_C.

→ Entre el emisor **E** y masa *m* se conecta la fuente V_{EE}.

→ Entre la base **B** y masa *m* se conectan: R_1 en serie con V_e y también (en paralelo) R_2 en serie con V.

→ V_o es la tensión entre el colector **C** y la masa *m* e igual, por Ley de Ohm, a $I_C R_C$. Alternativamente, vemos que V_o también es igual a $V_{EE} - V_{EC}$ (esto se puede verificar escribiendo la ecuación de malla de salida).

A partir de aquí, procedemos de modo análogo a como lo hicimos en el problema anterior (Problema TB. 3). Las condiciones son las mismas que para dicho circuito con transistor NPN, solo varían ligeramente las ecuaciones de malla, **fundamentalmente debido al sentido de las corrientes** I_C e I_B **y al intercambio de subíndices** V_{EB} **y** V_{EC}.

Observando que la configuración formada por R_1, R_2, V_e y V es idéntica a la del circuito del problema anterior, obtenemos inmediatamente el voltaje de Thévenin, reemplazando valores en una ecuación idéntica a la (PTB. 24), ver página 57:

$$V_{Th} = V_e - \left(\frac{V_e - V}{R_1 + R_2} \right) \cdot R_1 \Rightarrow V_{Th} = V_e - \left(\frac{V_e - 5}{10 + 90} \right) \cdot 10 \Rightarrow V_{Th} = 0,9V_e + 0,5 \, [\text{V}]. \qquad \text{(PTB. 43)}$$

Para el cálculo de la resistencia de Thévenin, ver ecuación (PTB. 25).

$$R_{Th} = \frac{R_1 R_2}{R_1 + R_2} = \frac{10 \cdot 90}{100} \Rightarrow R_{Th} = 9 \, [\text{k}\Omega]. \qquad \text{(PTB. 44)}$$

Ahora estamos en condiciones de trabajar con el circuito simplificado. Como el enunciado del problema es completamente análogo al del Problema TB. 3, podemos reducir la extensión de los comentarios y concentrarnos en las ecuaciones.

Cuando Q empieza a conducir, $V_{EB} = V_{EB\gamma} = 0,5$ [V], e $I_B = 0$. Por lo tanto, considerando la malla de base:

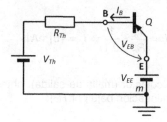

$$V_{EE} - V_{EB} - I_B \cdot R_{Th} - V_{Th} = 0 \overset{\substack{I_B = 0, \\ V_{EB} = V_{EB\gamma}}}{\Rightarrow}$$
$$\Rightarrow V_{Th} = V_{EE} - V_{EB\gamma} = 5 - 0,5 = 4,5\,[V]. \tag{PTB. 45}$$

De modo que el voltaje V_e, de acuerdo a la ecuación (PTB. 43), debe tener al menos el siguiente valor para que Q conduzca:

$$V_{Th} = 0,9V_e + 0,5[V] = 4,5[V] \Rightarrow V_e = \frac{4,5 - 0,5}{0,9} \Rightarrow \boxed{V_e = 4,44[V]}. \tag{PTB. 46}$$

Preguntamos: ¿es correcta la elección del signo de $V_{EB} = V_{EB\gamma}$ en esta ecuación?

Podemos responder rápidamente a esta pregunta si **imaginamos** que entre **B** y **E** hay un diodo apuntando en el mismo sentido que la flecha del emisor, por lo tanto su tensión umbral V_γ, que es $V_{EB\gamma}$, tendrá que tener su borne positivo del mismo lado que el emisor, es decir, contrapuesto a V_{EE}, según se ve en la figura de la derecha, por lo que $V_{EB} = V_{EB\gamma}$ tiene el mismo signo que V_{Th} en la (PTB. 45). Por cierto: en dicha ecuación hemos considerado el sentido de malla igual al de I_B (antihorario).

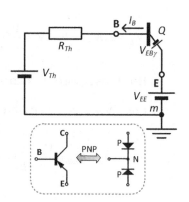

¿Por qué se dice que este es el valor máximo y no el mínimo?

De (PTB. 45) vemos que $V_{EB} = V_{EE} - I_B R_{Th} - V_{Th}$, así que al aumentar V_{Th} disminuye la tensión V_{EB}. Por (PTB. 46), si V_e es mayor que 4,44 voltios, la V_{Th} será mayor que 4,5 voltios, haciendo que la V_{EB} sea menor que $V_{EB\gamma}$, produciendo el corte del transistor. De hecho, es conveniente que V_{Th} sea negativa, ya que eso contribuye a que V_E sea mayor que V_B, haciendo que V_{EB} sea positiva, lo cual haría que el transistor estuviese en activa o en saturación. En el apartado c) se verá que una V_{Th} negativa hace que el transistor entre en saturación.

   b) HALLAMOS AHORA EL VALOR DE V_e PARA EL CUAL $V_o = 1$ [V].

   Vemos que, de acuerdo a la Ley de Ohm:

$$V_o = I_C R_C \Rightarrow I_C = \frac{V_o}{R_C} = \frac{1}{0,1} \Rightarrow I_C = 10[mA].$$ (PTB. 47)

   Además de la malla de colector (malla de salida), obtenemos (sentido de I_C horario: sube por V_{EE} y por V_{EC}, y a continuación baja por R_C):

$$V_{EE} - V_{EC} - \overbrace{I_C R_C}^{=V_o} = 0 \Rightarrow V_{EC} = V_{EE} - V_o = 5-1 \Rightarrow V_{EC} = 4[V].$$ (PTB. 48)

   Como $V_{EC} = 4$ [V] $> V_{ECSat} = 0,2$ [V] $\Rightarrow$ el transistor Q está en activa. Entonces:

$$I_C = \beta I_B \Rightarrow I_B = \frac{I_C}{\beta} = \frac{10}{100} \Rightarrow I_B = 0,1[mA].$$ (PTB. 49)

   De la ecuación (PTB. 45) calculamos V_{Th} para poder obtener luego la tensión V_e buscada, usando (PTB. 43), y sabiendo que en activa $V_{EB} = V_{EBAct} = 0,7$ [V]:

$$V_{Th} = V_{EE} - V_{EB} - I_B R_{Th} = 5 - 0,7 - 0,1 \cdot 9 \Rightarrow V_{Th} = 3,4[V],$$ (PTB. 50)

$$V_{Th} = 0,9 V_e + 0,5 \Rightarrow V_e = \frac{V_{Th} - 0,5}{0,9} = \frac{3,4 - 0,5}{0,9} \Rightarrow \boxed{V_e = 3,22[V]}.$$ (PTB. 51)

   c) HALLAMOS EL VALOR MÁXIMO DE V_e QUE HACE QUE Q ENTRE EN SATURACIÓN.

   Como $V_{EC} = V_{ECSat} = 0,2$ [V], de la malla de colector obtenemos:

$$I_C = I_{CSat} = \frac{V_{EE} - V_{ECSat}}{R_C} = \frac{5-0,2}{0,1} \Rightarrow I_{CSat} = 48[mA],$$ (PTB. 52)

así que:

$$I_C = \beta I_B \Rightarrow I_{BSat} = \frac{I_C}{\beta} = \frac{48}{100} \Rightarrow I_{BSat} = 0,48[mA].$$ (PTB. 53)

A partir de aquí obtenemos V_{Th} y, por lo tanto, V_{emax} (ver las fórmulas del apartado anterior), teniendo en cuenta que $V_{EB} = V_{EBSat} = 0,8$ [V]:

$$V_{Th} = V_{EE} - V_{EB} - I_B R_{Th} = 5 - 0,8 - 0,48 \cdot 9 \Rightarrow V_{Th} = -0,12[V],$$ (PTB. 54)

$$V_e = \frac{V_{Th} - 0,5}{0,9} = \frac{-0,12 - 0,5}{0,9} \Rightarrow \boxed{V_e = -0,69[V]}.$$ (PTB. 55)

Una tensión V_e **menor** que este valor mantiene el transistor en saturación. Cuando V_e aumenta, entra en activa, y luego, cuando alcance los 4,44 voltios (que es el valor hallado en el apartado b)), entrará en corte.

d) ¿VALOR DE V_o CUANDO $V_e = 0$?

Como en el apartado c) del problema anterior, usando la (PTB. 43):

$$V_{Th} = 0,9 \cdot V_e + 0,5 = 0,9 \cdot 0 + 0,5 \Rightarrow V_{Th} = 0,5[V].$$ (PTB. 56)

Por lo tanto, Q estará en activa. No está en saturación porque, de acuerdo al apartado anterior, $V_{emax} = -0,69$ [V]. Así que, de la malla de base, ecuación (PTB. 45), y recordando el valor de $V_{EBAct} = 0,7$ [V]:

$$I_B = \frac{V_{EE} - V_{EBAct} - V_{Th}}{R_{Th}} = \frac{5 - 0,7 - 0,5}{9} \Rightarrow I_B = 0,42[mA].$$ (PTB. 57)

La corriente de colector es, por lo tanto, 100 veces este valor:

$$I_C = \beta I_B \Rightarrow I_C = 100 \cdot 0,422 \Rightarrow I_C = 42,2[mA],$$ (PTB. 58)

lo cual da una tensión de salida:

$$V_o = I_C R_C = 42,22 \cdot 0,1 \Rightarrow \boxed{V_o = 4,22[V]}.$$ (PTB. 59)

Verificamos que Q esté en activa, recordando que $V_{ECSat} = 0,2$ [V]:

$$V_{EC} = V_{EE} - V_o = 5 - 4,22 = 0,78[V] \Rightarrow V_{EC} > V_{ECSat},$$ (PTB. 60)

resultado que corrobora nuestra suposición.

Resumen PTB. 4

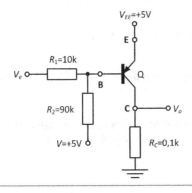

DATOS:

$R_1 = 10\,[\text{k}\Omega]$; $R_2 = 90\,[\text{k}\Omega]$; $R_C = 0,1\,[\text{k}\Omega]$

$V_{EE} = 5\,[\text{V}]$; $V = 5\,[\text{V}]$; $\beta = 100$

INCÓGNITAS:

V_e para que Q conduzca = ?

V_e cuando $V_o = 1\,[\text{V}]$?

V_e máximo para que Q sature?

V_o cuando $V_e = 0\,[\text{V}]$?

a) Q CONDUCE, $V_e = ?$

Voltaje y resistencia de Thévenin:

$$V_{Th} = V_e - \left(\frac{V_e - V}{R_1 + R_2}\right)R_1 \Rightarrow V_{Th} = V_e - \left(\frac{V_e - 5}{10 + 90}\right)\cdot 10 \Rightarrow V_{Th} = 0,9V_e + 0,5\,[\text{V}], \qquad \text{(PTB. 43)}$$

$$R_{Th} = R_1 R_2/(R_1 + R_2) = 10\cdot 90/(10 + 90) \Rightarrow R_{Th} = 9\,[\text{k}\Omega]. \qquad \text{(PTB. 44)}$$

Cuando Q empieza a conducir, $V_{Th} = V_{BE} = V_{BE\gamma} = 0,5\,[\text{V}]$, $I_B = 0$. De la malla de base:

$$V_{EE} - V_{EB} - I_B R_{Th} - V_{Th} = 0 \Rightarrow V_{Th} = V_{EE} - V_{EB\gamma} = 5 - 0,5 = 4,5\,[\text{V}], \qquad \text{(PTB. 45)}$$

$$V_{Th} = 0,9V_e + 0,5\,[\text{V}] = 4,5\,[\text{V}] \Rightarrow V_e = (4,5 - 0,5)/0,9 \Rightarrow \boxed{V_e = 4,44\,[\text{V}]}. \qquad \text{(PTB. 46)}$$

b) $V_o = 1\,[\text{V}]$, $V_e = ?$

De la Ley de Ohm y de la malla de colector vemos que Q está activo:

$$V_o = I_C R_C \Rightarrow I_C = V_o/R_C = 1/0,1 \Rightarrow I_C = 10\,[\text{mA}], \qquad \text{(PTB. 47)}$$

$$V_{EC} = V_{EE} - V_o = 5 - 1 \Rightarrow V_{EC} = 4\,[\text{V}] > V_{ECSat} = 0,2\,[\text{V}]. \qquad \text{(PTB. 48)}$$

Por tanto:

$$I_C = \beta I_B \Rightarrow I_B = I_C/\beta = 10/100 \Rightarrow I_B = 0,1\,[\text{mA}], \qquad \text{(PTB. 49)}$$

$$V_{Th} = V_{EE} - V_{EB} - I_B R_{Th} = 5 - 0,7 - 0,1\cdot 9 \Rightarrow V_{Th} = 3,4\,[\text{V}], \qquad \text{(PTB. 50)}$$

$$V_{Th} = 0,9V_e + 0,5 \Rightarrow V_e = (V_{Th} - 0,5)/0,9 = (3,4 - 0,5)/0,9 \Rightarrow \boxed{V_e = 3,22\,[\text{V}]}. \qquad \text{(PTB. 51)}$$

c) Q EN SATURACIÓN $\Rightarrow V_e$ MÁXIMO?

Q en saturación $\Rightarrow V_{EC} = V_{ECSat} = 0,2$. De la malla de colector y de $I_C = \beta I_{BSat}$, tenemos:

$$I_C = I_{CSat} = (V_{EE} - V_{ECSat})/R_C = (5 - 0,2)/0,1 \Rightarrow I_{CSat} = 48\,[\text{mA}], \qquad \text{(PTB. 52)}$$

$$I_C = \beta I_B \Rightarrow I_{BSat} = I_C/\beta = 48/100 \Rightarrow I_B = 0,48\,[\text{mA}]. \qquad \text{(PTB. 53)}$$

Voltaje V_e máximo para esa I_{BSat}:

$$V_{Th} = V_{EE} - V_{EB} - I_B R_{Th} = 5 - 0,8 - 0,48 \cdot 9 \Rightarrow V_{Th} = -0,12[\text{V}],$$ (PTB. 54)

$$V_e = (V_{Th} - 0,5)/0,9 = (-0,12 - 0,5)/0,9 \Rightarrow \boxed{V_e = -0,69[\text{V}]}.$$ (PTB. 55)

d) VALOR DE V_o CUANDO $V_e = 0$?

$$V_{Th} = 0,9 V_e + 0,5 = 0,9 \cdot 0 + 0,5 \Rightarrow V_{Th} = 0,5[\text{V}].$$ (PTB. 56)

Por lo tanto, Q está en activa (no puede estar en saturación por (PTB. 38)). Con $V_{BEAct} = 0,7$ [V]:

$$I_B = \frac{V_{EE} - V_{EBAct} - V_{Th}}{R_{Th}} = \frac{5 - 0,7 - 0,5}{9} \Rightarrow I_B = 0,42[\text{mA}].$$ (PTB. 57)

Por lo tanto:

$$I_C = \beta I_B \Rightarrow I_C = 100 \cdot 0,422 \Rightarrow I_C = 42,2[\text{mA}],$$ (PTB. 58)

$$V_o = I_C R_C = 42,22 \cdot 0,1 \Rightarrow \boxed{V_o = 4,22[\text{V}]},$$ (PTB. 59)

$$V_{EC} = V_{EE} - V_o = 5 - 4,22 = 0,78[\text{V}] \Rightarrow V_{EC} > V_{ECSat}.$$ (PTB. 60)

Problemas complementarios

PTBCOMPL.1. En el siguiente circuito, Q es un transistor NPN con $\beta = 50$.

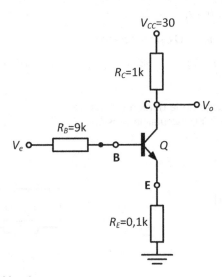

a) Hallar V_o cuando $V_e = 0$.

b) Hallar V_o cuando $V_e = 3$ [V] y $V_e = 10$ [V].

c) Calcular V_e si $V_o = 15$ [V].

RESPUESTAS: a) V_o =30 [V]; b) V_o = 21,84 [V] y V_o = 2,97 [V]; c) V_e = 4,93 [V].

PTBComPL.2. En el siguiente circuito, Q es un transistor PNP con $\beta = 50$.

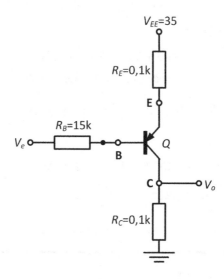

a) Hallar V_o cuando $V_e = 0$.

b) ¿Para qué valores de V_e Q está en corte?

c) Hallar V_o cuando $V_e = 3$ [V] y $V_e = 10$ [V].

d) Calcular V_e si $V_o = 15$ [V].

e) ¿Para qué valores de V_e Q está saturado?

RESPUESTAS: a) V_o = 8,53 [V]; b) V_e>34,5 [V]; c) V_o = 7,79 [V] y V_o = 6,04 [V]; d) V_e = −26 [V]; e) V_e < −35,05 [V].

PTBComPL.3. En el circuito de la derecha, Q es un transistor NPN con $\beta = 100$, calcular la tensión de salida V_o.

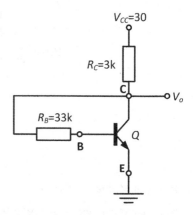

RESPUESTA: V_o = 3,58 [V].

Capítulo 3

TRANSISTORES UNIPOLARES (MOSFET)

"Pensar es prever".

José Martí.

3.1. CONOCIMIENTOS REQUERIDOS

En este capítulo es necesario saber resolver correctamente problemas correspondientes a corriente continua. También es necesario conocer el comportamiento del transistor unipolar con sus modelos circuitales equivalentes. Esto último se presenta a continuación. En este libro nos centraremos en circuitos con transistores MOSFET (del inglés *Metal–Oxide–Semiconductor Field Effect Transistor* o Transistor de Efecto de Campo de Metal, Óxido y Semiconductor) en configuración de fuente común.

☑ TRANSISTOR UNIPOLAR **MOSFET**: dispositivo semiconductor compuesto por tres terminales de conexión: Drenador **D**, Puerta **G** (del inglés *Gate*) y Fuente **S** (del inglés *Source*). La función primordial de un transistor unipolar es la de controlar la Corriente de Drenador i_D a través de la Tensión puerta–fuente V_{GS} (o V_{SG}).

☑ Existen dos tipos de transistores unipolarse: tipo N (o bien MOSFET Canal N o, brevemente, NMOS) y tipo P (MOSFET Canal P o PMOS), cuyos símbolos usuales se presentan a continuación:

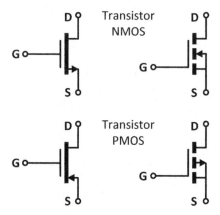

☑ **RELACIONES BÁSICAS** de las corrientes y tensiones de los transistores:

$I_S = I_G + I_D$ (Ley de Kirchhoff de los nudos para ambos, NMOS y PMOS),

$V_{DS} = V_{DG} + V_{GS}$ (Ley de Kirchhoff de las mallas para NMOS),   (PTU. 1)

$V_{SD} = V_{GD} + V_{SG}$ (Ley de Kirchhoff de las mallas para PMOS).

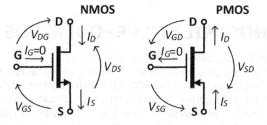

Como el MOSFET tiene una impedancia de entrada teóricamente infinita, la corriente de puerta es nula, es decir, $I_G=0$, por lo que usualmente se considera $I_S = I_D$.

☑ **CONFIGURACIONES BÁSICAS**: en este libro utilizaremos la **CONFIGURACIÓN DE FUENTE COMÚN** correspondiente al transistor cuya conexión a fuente es común a las mallas de entrada y de salida, según se indica en la siguiente figura:

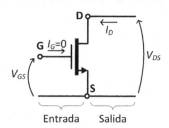

☑ **ESTADOS DEL MOSFET Y SUS MODELOS CIRCUITALES EQUIVALENTES:** la condición de corte o conducción del transistor depende del valor del voltaje entre puerta y fuente ($V_{GS} < V_T$ para corte, $V_{GS} \geq V_T$ para conducción). Además, si está en conducción, la condición de que esté en estado de óhmica o de saturación depende del voltaje entre drenador y fuente ($V_{DS} \leq V_{GS}-V_T$ para conducción en óhmica, $V_{DS} \geq V_{GS}-V_T$ para conducción en saturación). En la siguiente tabla se presenta un resumen de los estados y los modelos circuitales por los que puede reemplazarse el transistor NMOS:

ESTADO	CORTE	ÓHMICA	SATURACIÓN
CONDICIONES	$V_{GS} < V_T$	$V_{GS} \geq V_T$	
	$I_D = I_S = 0$	$V_{DS} \leq V_{GS}-V_T$ $r_{DS} = 1/k(V_{GS}-V_T)$	$V_{DS} \geq V_{GS}-V_T$ $I_D = k(V_{GS}-V_T)^2$
MODELO EQUIVALENTE (NMOS)	$I_G=0$, $I_D=0$ (G, D, S abierto)	$I_G=0$, I_D (G, r_{DS}, D, S)	$I_G=0$, I_D (G, fuente I_D, D, S)

Análogamente, es posible establecer las condiciones y modelos circuitales equivalentes para el transistor PMOS, según se indica en la siguiente tabla:

ESTADO	CORTE	ACTIVA	SATURACIÓN
CONDICIONES	$V_{SG} < V_T$	$V_{SG} \geq V_T$	
	$I_D = I_S = 0$	$V_{SD} \leq V_{SG}-V_T$ $r_{SD} = 1/k(V_{SG}-V_T)$	$V_{SD} \geq V_{SG}-V_T$ $I_D = k(V_{SG}-V_T)^2$
MODELO EQUIVALENTE (PMOS)	$I_G=0$, $I_D=0$ (G, D, S abierto)	$I_G=0$, I_D (G, r_{SD}, D, S)	$I_G=0$, I_D (G, fuente I_D, D, S)

Según se observa, como en el caso de los transistores bipolares, las condiciones de ambos transistores unipolares son completamente equivalentes, simplemente teniendo en cuenta que, para las tensiones, se intercambian los subíndices y, para las flechas indicando corrientes y tensiones, se invierten sus sentidos.

NOTA: en ambas tablas se observa que la condición $V_{SD} = V_{SG}-V_T$ (o bien $V_{DS} = V_{GS}-V_T$ para el NMOS) se espedifica tanto para el estado en activa como para el de saturación. Dicha igualdad se cumple, según se verá en los problemas, en el límite activa-saturación (ver problema TU.2, apartado c, por ejemplo).

Problema TU. 1. Transistor NMOS: circuito de fuente común (I)

En el circuito de la siguiente figura, Q es un transistor MOSFET canal N con $V_T = 1$ [V], $k=2,5$ [mA/V²], $R_D=2$ [kΩ], $R_G=12$[kΩ] and $V_{DD} = 30$ [V]. Calcular:

a) Valor de V_o para $V_e = 0$ [V].

b) Valor de V_o para $V_e = 3$ [V].

c) Valor de V_o para $V_e = 12$ [V].

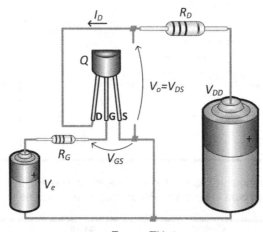

FIGURA TU. 1.

<u>**PLANTEAMIENTO Y RESOLUCIÓN**</u>

a) ¿CÓMO CALCULAMOS V_o CUANDO $V_e = 0$?

Inicialmente dibujamos el esquema desarrollado:

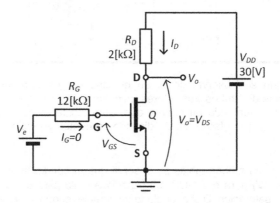

Para analizar el circuito necesitamos determinar el comportamiento del transistor. Por un lado necesitamos saber el valor de V_{GS} y, por otro, el valor de V_{DS}:

✓   Si $V_{GS} < V_T \Rightarrow$ El transistor está EN CORTE (no conduce) $\Rightarrow I_G = I_D = 0$.

✓   Si $V_{GS} \geq V_T \Rightarrow$ El transistor está CONDUCIENDO $\Rightarrow I_G = 0$ e $I_D \neq 0$. Entonces puede estar en una de dos zonas:

    ✗   ZONA ÓHMICA: el transistor se comportará como si, entre drenador D y fuente S, apareciese una resistencia $r_{DS} = [k(V_{GS} - V_T)]^{-1}$. Se cumple la condición $V_{DS} \leq (V_{GS} - V_T)$.

    ✗   ZONA DE SATURACIÓN: la corriente de drenador I_D será una constante que dependerá de V_{GS} y de V_T: $I_D = k(V_{GS} - V_T)^2$. Se cumple la condición $V_{DS} \geq (V_{GS} - V_T)$.

Analizando la malla de entrada (malla compuesta por V_e, R_G y la unión puerta-fuente GS), tenemos:

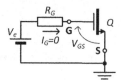

$$V_e - I_G R_G - V_{GS} = 0. \qquad\qquad \text{(PTU. 2)}$$

Una característica importante del transistor MOSFET es que posee una resistencia de entrada r_{GS} muy grande (llamamos resistencia de entrada a "la que se mediría con un óhmetro" entre los terminales G y S –en un transistor MOSFET con conexión de fuente S común–; estos terminales G y S corresponden a la entrada, y los terminales D y S corresponden a la salida del circuito). En el caso ideal, $r_{GS} = \infty$, lo cual significa que, en un transistor MOSFET, $I_G = 0$ **siempre**. En otras palabras, la resistencia r_{GS} es tan grande que cualquier tensión que se conecte entre G y S no producirá ninguna corriente de entrada.

Por lo tanto:

$$V_e - I_G R_G - V_{GS} = 0 \Rightarrow \text{ como } I_G = 0 \, (\textbf{siempre}) \Rightarrow V_e = V_{GS}. \qquad \text{(PTU. 3)}$$

Entonces, si $V_e = 0 \Rightarrow V_{GS} = 0 < V_T = 1 \,[V] \Rightarrow$ El transistor está **en corte** $\Rightarrow I_D = 0$.

En la malla de salida (compuesta por V_{DD}, R_D y la unión drenador-fuente **DS**):

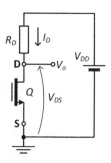

$$V_{DD} - I_D R_D - V_{DS} = 0. \qquad\qquad \text{(PTU. 4)}$$

Como $I_D = 0 \Rightarrow V_{DD} - 0.R_D - V_{DS} = 0 \Rightarrow V_{DS} = V_{DD}$. De modo que:

$$V_o = V_{DS} = V_{DD} \Rightarrow \boxed{V_o = 30[V]}.$$ (PTU. 5)

CONCLUSIÓN: cuando $V_e = 0$, a la salida obtenemos V_{DD}, la tensión de alimentación del drenador. Esto se observa claramente en la siguiente figura, en donde se ha reemplazado el transistor por su modelo circuital equivalente en corte:

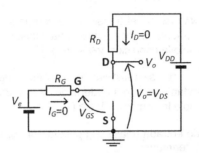

b) ¿QUÉ PASA CUANDO $V_e \neq 0$?

Vemos que V_{GS} = 3 [V] > V_T = 1[V] $\Rightarrow$ El transistor está **en conducción**. Entonces podrá estar en **zona óhmica** o en **zona de saturación**. Como en el caso del transistor bipolar, **debemos suponer uno de ellos** (cualquiera) y realizar los cálculos. **Luego comprobamos** para ver si nuestra suposición es correcta.

SUPONGAMOS QUE Q ESTÁ EN SATURACIÓN (se pudo haber supuesto en óhmica, se deja esto como ejercicio). De las condiciones anteriores en saturación tendremos que la corriente $I_D = k(V_{GS} - V_T)^2$. Reemplazando valores, obtenemos el valor de esta I_D:

$$I_D = k\left(V_{GS} - V_T\right)^2 = k\left(V_e - V_T\right)^2 = 2,5 \cdot (3-1)^2 = 10[mA].$$ (PTU. 6)

Reemplazamos el transistor por su modelo circuital equivalente en saturación:

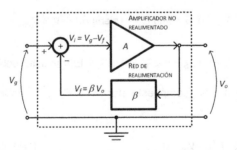

De la malla de drenador tenemos:

$$V_{DD} - I_D R_D - V_{DS} = 0 \Rightarrow V_{DS} = V_{DD} - I_D R_D = 30 - 10 \cdot 2 \Rightarrow \boxed{V_{DS} = 10[V]}.$$ (PTU. 7)

Ahora VERIFICAMOS QUE LA SUPOSICIÓN DE QUE Q ESTÁ EN SATURACIÓN ES CORRECTA. Recordemos[15]:

$$\begin{cases} V_{DS} < V_{GS} - V_T \rightarrow \text{Zona óhmica,} \\ V_{DS} = V_{GS} - V_T \rightarrow \text{Límite Zona óhmica-saturación,} \\ V_{DS} > V_{GS} - V_T \rightarrow \text{Zona de saturación.} \end{cases} \qquad \text{(PTU. 8)}$$

Por lo tanto, como $V_{DS} = 10$ [V], $V_{GS} = V_e = 3$ [V] y $V_T = 1$ [V] $\Rightarrow V_{GS} - V_T = 2$ [V], es decir:

$$10 \text{ [V]} > 2 \text{ [V]} \Rightarrow \text{SE VERIFICA: } Q \text{ en saturación.} \qquad \text{(PTU. 9)}$$

c) ¿QUÉ PASA CUANDO $V_e = 12$ [V]?

Procedemos del modo indicado en el apartado b).

$I_G = 0 \Rightarrow V_{GS} = V_e = 12$ [V] $> V_T = 1$ [V] $\Rightarrow$ El transistor está **en conducción**.

SUPONGAMOS Q EN SATURACIÓN:

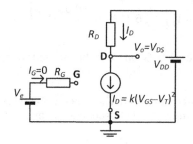

$$I_D = k\left(V_{GS} - V_T\right)^2 = k\left(V_e - V_T\right)^2 = 2,5 \cdot \left(12 - 1\right)^2 = 302,5 \text{[mA]}. \qquad \text{(PTU. 10)}$$

De la malla de drenador:

$$V_{DD} - I_D R_D - V_{DS} = 0 \Rightarrow V_{DS} = V_{DD} - I_D R_D = 30 - 302,5 \cdot 2$$
$$\Rightarrow V_{DS} = -575 \text{[V]}. \qquad \text{(PTU. 11)}$$

---

[15] En las tablas presentadas en "Conocimientos requeridos", al principio del tema, se ha indicado $V_{DS} \leq V_{GS} - V_T$ para la zona óhmica y $V_{DS} \geq V_{GS} - V_T$ para la zona de saturación, porque se ha considerado que la igualdad corresponde, de alguna manera, a ambas: la zona óhmica-saturación. La misma consideración se ha establecido en la tabla correspondiente al transistor PMOS.

Como $V_{DS} < 0 \Rightarrow$ analizamos si se cumple $V_{DS} > V_{GS}-V_T$:

$$-575\,[\text{V}] \not< 2\,[\text{V}] \Rightarrow \text{No se verifica la condición,} \qquad\qquad \text{(PTU. 12)}$$

por lo tanto, Q NO PUEDE ESTAR EN SATURACIÓN.

Analizamos Q EN ÓHMICA.

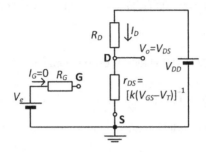

En ese caso, entre **D** y **S** aparecerá la resistencia r_{DS}:

$$r_{DS} = \frac{1}{k(V_{GS} - V_T)} = \frac{1}{2,5 \cdot (12 - 1)} = 0,036\,[\text{k}\Omega]. \qquad\qquad \text{(PTU. 13)}$$

Por lo tanto, si entre **D** y **S** aparece la resistencia r_{DS}, aplicando Ley de Ohm obtenemos: $V_{DS} = I_D\, r_{DS}$.

La malla de drenador consistirá en V_{DD}, y las resistencias R_D y r_{DS} en serie. De esta manera, podemos calcular I_D recordando la ecuación de malla $V_{DD}-I_D R_D-V_{DS} = 0$, es decir:

$$V_{DD} - I_D R_D - I_D r_{DS} = 0 \Rightarrow I_D = \frac{V_{DD}}{R_D + r_{DS}} = \frac{30}{2 + 0,036} \Rightarrow I_D = 14,73\,[\text{mA}]. \qquad \text{(PTU. 14)}$$

Como tenemos I_D y tenemos r_{DS}, calculamos V_{DS}:

$$V_{DS} = I_D r_{DS} = 14,73 \cdot 0,036 \Rightarrow \boxed{V_{DS} = 0,53\,[\text{V}]}. \qquad\qquad \text{(PTU. 15)}$$

Otra manera de calcular dicha tensión: $V_{DS} = V_{DD}-I_D R_D$ (dará el mismo resultado).

Comprobamos que realmente se cumple la condición de estar en zona óhmica:

$$V_{DS} < V_{GS}-V_T \Rightarrow 0,53\,[\text{V}] < 2\,[\text{V}] \Rightarrow \text{SE VERIFICA: } Q \text{ en óhmica.} \qquad \text{(PTU. 16)}$$

Resumen PTU. 1

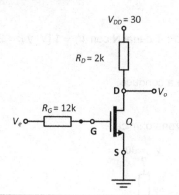

DATOS:

$R_D = 2\,[k\Omega]$; $R_G = 12\,[k\Omega]$

$V_{DD} = 30\,[V]$

$V_T = 1\,[V]$; $k = 2,5\,[mA/V^2]$

INCÓGNITAS:

V_o cuando $V_e = 0\,[V]$?

V_o cuando $V_e = 3\,[V]$?

V_o cuando $V_e = 12\,[V]$?

a) $V_e = 0$

Malla de drenador:

$$V_e - I_G R_G - V_{GS} = 0. \tag{PTU. 2}$$

$V_e = 0 \Rightarrow I_G = 0 \Rightarrow V_{GS} = V_e < V_T \Rightarrow Q$ en Corte $\Rightarrow I_D = 0$.

De la malla de drenador:

$$V_{DD} - I_D R_D - V_{DS} = 0 \Rightarrow V_{DD} = V_{DS} \Rightarrow V_o = V_{DS} = 30[V]. \tag{PTU. 4}$$

b) $V_e = 3\,[V]$: $V_e > V_T = 1\,[V] \Rightarrow Q$ en conducción. Suponemos Q en saturación:

$$I_D = k(V_{GS} - V_T)^2 = k(V_e - V_T)^2 = 2,5\cdot(3-1)^2 = 10[mA]. \tag{PTU. 6}$$

De la malla de salida (drenador), tenemos:

$$V_{DD} - I_D R_D - V_{DS} = 0 \Rightarrow V_{DS} = V_{DD} - I_D R_D = 30 - 10\cdot 2 \Rightarrow \boxed{V_{DS} = 10[V]}. \tag{PTU. 7}$$

Verificamos que Q está en saturación:

$$V_{DS} = 10[V], V_{GS} - V_T = 3 - 1 = 2 \Rightarrow V_{DS} > V_{GS} - V_T \Rightarrow Q \text{ en saturación.}$$

c) $V_e = 3\,[V]$: $V_e > V_T = 1\,[V] \Rightarrow Q$ en conducción. Suponemos Q en óhmica:

$$r_{DS} = \frac{1}{k(V_{GS} - V_T)} = \frac{1}{2,5\cdot(12-1)} = 0,036[k\Omega], \tag{PTU. 13}$$

$$V_{DD} - I_D R_D - I_D r_{DS} = 0 \Rightarrow I_D = \frac{V_{DD}}{R_D + r_{DS}} = \frac{30}{2 + 0,036} \Rightarrow I_D = 14,73[mA]. \tag{PTU. 14}$$

Obtenemos V_{DS} aplicando Ley de Ohm a r_{DS}:

$$V_{DS} = I_D r_{DS} = 14,73\cdot 0,036 \Rightarrow \boxed{V_{DS} = 0,53[V]}. \tag{PTU. 15}$$

Verificamos que Q está en zona óhmica:

$$V_{DS} < V_{GS} - V_T \Rightarrow 0,53\,[V] < 2\,[V] \Rightarrow \text{SE VERIFICA: } Q \text{ en óhmica.}$$

Problema TU. 2. Transistor NMOS: circuito de fuente común (II)

En el circuito de la figura, Q es un MOSFET canal N con $V_T = 1$ [V] y $k = 2,5$ [mA/V^2]. Se pide calcular:

a) Valor de V_e para el cual Q comienza a conducir.

b) Valor de V_e para el cual $V_o = 15$ [V].

c) Valor de V_e para el cual Q entra en zona óhmica.

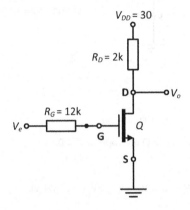

Figura TU. 2.

<u>**PLANTEAMIENTO Y RESOLUCIÓN**</u>

a) CONDICIÓN PARA QUE Q EMPIECE A CONDUCIR:

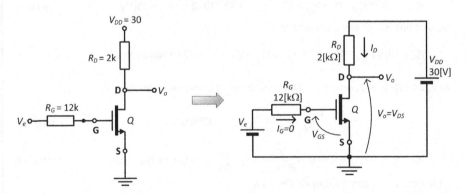

Para que Q conduzca es necesario que $V_{GS} \geq V_T$. Como $I_G = 0$ siempre, de la malla de puerta $V_e - I_G R_G - V_{GS} = 0 \Rightarrow V_{GS} = V_e$. La conducción empieza cuando $V_{GS} = V_T$, o sea:

Q empieza a conducir cuando $\boxed{V_e = V_T = 1 \text{ [V]}}$.   (PTU. 17)

b) $V_O = 15 \,[\text{V}] \Rightarrow V_e = ?$

Como V_o es dato, empezamos analizando la malla de drenador. Si Q estuviese en corte, $I_D = 0 \Rightarrow$ de la malla de colector $V_{DS} = V_{DD} - I_D R_D = V_{DD}$, es decir, la tensión de salida V_o sería igual a $V_{DD} = 30 \,[\text{V}]$. Descartamos entonces que Q esté en corte. Por lo tanto estará en zona óhmica o en saturación.

Supongamos que Q está en saturación.

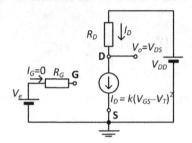

Como conocemos V_{DD}, R_D y V_{DS}, podemos inicialmente hallar I_D utilizando la ecuación de malla de drenador:

$$V_{DD} - I_D R_D - V_{DS} = 0 \Rightarrow I_D = \frac{V_{DD} - V_{DS}}{R_D} = \frac{30 - 15}{2} \Rightarrow I_D = 7,5\,[\text{mA}]. \qquad \text{(PTU. 18)}$$

Pero como está en saturación:

$$I_D = 7,5 = k\left(V_{GS} - V_T\right)^2 = 2,5 \cdot \left(V_{GS} - 1\right)^2. \qquad \text{(PTU. 19)}$$

Desarrollando el cuadrado del binomio $(V_{GS} - 1)^2 = V_{GS}^2 - 2V_{GS} - 1$, obtenemos una ecuación cuadrática:

$$7,5 = 2,5\left(V_{GS}^2 - 2V_{GS} + 1\right) \Rightarrow V_{GS}^2 - 2V_{GS} - 2 = 0. \qquad \text{(PTU. 20)}$$

Calculamos la incógnita V_{GS}:

$$V_{GS} = \frac{2 \pm \sqrt{(-2)^2 - 4 \cdot 1 \cdot (-2)}}{2 \cdot 1} \Rightarrow \begin{cases} V_{GS,1} = \frac{2+\sqrt{12}}{2} = 2,73\,[\text{V}] \\ V_{GS,2} = \frac{2-\sqrt{12}}{2} = -0,73\,[\text{V}] \end{cases} \Rightarrow \boxed{V_{GS} = 2,73\,[\text{V}]}. \qquad \text{(PTU. 21)}$$

Elegimos 2,73 [V] como solución, porque si Q está en conducción, V_{GS} no puede ser negativo, porque $V_{GS} \geq V_T$.

VERIFICAMOS:

$V_{DS} = 15$ [V] $> V_{GS} - V_T = 2,73$ [V] $- 1$ [V] $= 1,73$ [V] $\Rightarrow 15 > 1,73 \Rightarrow Q$ está en zona de saturación.

c) CONDICIÓN PARA QUE Q SE ENCUENTRE EN EL LÍMITE ENTRE LAS ZONAS ÓHMICA Y DE SATURACIÓN:

Han de cumplirse simultáneamente dos condiciones (que confluyen en una):

$$\left.\begin{array}{l} I_D = k\left(V_{GS} - V_T\right)^2 \\ V_{DS} = V_{GS} - V_T \end{array}\right\} \Rightarrow I_D = kV_{DS}^2. \qquad\qquad \text{(PTU. 22)}$$

Al reemplazar este último valor de I_D en la ecuación de malla de drenador, obtenemos:

$$V_{DD} - kV_{DS}^2 R_D - V_{DS} = 0 \Rightarrow 5V_{DS}^2 + V_{DS} - 30 = 0 \Rightarrow$$

$$\Rightarrow \begin{cases} V_{DS,1} = 2,35 \\ V_{DS,2} = -2,55 \end{cases} \Rightarrow \boxed{V_{DS} = 2,35\,[\text{V}]}. \qquad\qquad \text{(PTU. 23)}$$

Finalmente:

$$V_{DS} = V_{GS} - V_T \Rightarrow V_{GS} = V_{DS} + V_T = 2,35 + 1 \Rightarrow \boxed{V_{GS} = 3,35 \text{ [V]}}. \qquad \text{(PTU. 24)}$$

Este problema no requiere resumen.

Problema TU. 3. Transistor NMOS: configuración en fuente común (III)

En el circuito de la figura, Q es un MOSFET canal N con $V_T = 2$ [V] y $k = 2$ [mA/V^2]. Se pide calcular:

a) Valor de R para el cual Q comienza a conducir.

b) Valor de R para el cual $V_o = 10$ [V].

c) Valor de R para el cual Q entra en zona óhmica.

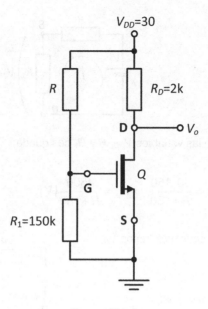

FIGURA TU. 3.

PLANTEAMIENTO Y RESOLUCIÓN

a)   VALOR DE R PARA QUE Q EMPIECE A CONDUCIR:

Dibujamos el circuito desarrollado y hallamos el equivalente Thévenin.

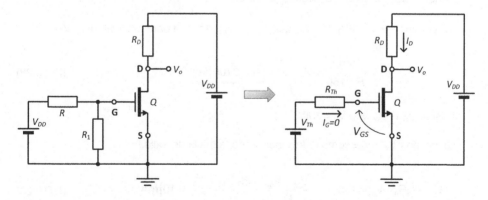

Siguiendo el mismo procedimiento que el indicado en el problema TB.3, podemos obtener V_{Th} y R_{Th}. Observando la siguiente figura tenemos:

$$V_{Th} = I\,R_1 = \frac{V_{DD}\,R_1}{R + R_1}.$$
(PTU. 25)

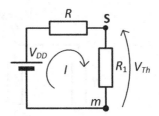

Dando valores a las variables V_{DD}, R y R_1 nos queda:

$$V_{Th} = \frac{30 \cdot 150}{R + 150} \Rightarrow V_{Th} = \frac{4500}{R + 150} [V].$$ (PTU. 26)

Para hallar R_{Th}, cortocircuitamos V_{DD}:

R y R_1 están en paralelo:

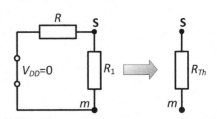

$$R_{Th} = \frac{R \cdot R_1}{R + R_1} = \frac{R \cdot 150}{R + 150} [k\Omega].$$ (PTU. 27)

Ahora trabajamos con el circuito simplificado.

Q conduce si $V_{GS} \geq V_T$. Vemos que $V_{GS} = V_{Th}$. Así que para el valor límite $V_{GS} = V_T$:

$$V_{Th} = \frac{4500}{R + 150} = V_T = 2 \Rightarrow \boxed{R = 2100 [k\Omega]}.$$ (PTU. 28)

b) VALOR DE R CUANDO $V_o = 10[V]$.

Tenemos $V_o = V_{DS}$ como dato. Analizando la malla de salida:

$$V_{DD} - I_D R_D - V_{DS} = 0 \Rightarrow I_D = \frac{V_{DD} - V_{DS}}{R_D} = \frac{30 - 10}{2} \Rightarrow I_D = 10[mA].$$ (PTU. 29)

Como $I_D \neq 0 \Rightarrow Q$ está conduciendo. Suponemos que está en saturación. Por lo tanto, utilizando la I_D obtenida en la ecuación anterior, tendremos:

$$I_D = k(V_{GS} - V_T)^2 \Rightarrow 10 = 2(V_{GS} - 2)^2 \Rightarrow 5 = (V_{GS} - 2)^2 \Rightarrow$$
$$\Rightarrow 5 = V_{GS}^2 - 4V_{GS} + 4 \Rightarrow V_{GS}^2 - 4V_{GS} - 1 = 0.$$ (PTU. 30)

De modo que:

$$V_{GS1,2} = \frac{-(-4)\pm\sqrt{(-4)^2 - 4\cdot1\cdot(-1)}}{2\cdot1} = \frac{4\pm\sqrt{20}}{2} \Rightarrow \begin{cases} V_{GS1} = \dfrac{4+\sqrt{20}}{2} = 4,24\,[\text{V}], \\ V_{GS2} = \dfrac{4-\sqrt{20}}{2} = -0,24\,[\text{V}]. \end{cases}$$

(PTU. 31)

Elegimos $V_{GS} = 4,74$ [V], porque dicho valor es mayor que $V_T = 2$ [V].

Antes de continuar verificamos que esté en saturación:

$$V_{DS} = 10;\ V_{GS} - V_T = 4,74 - 2 = 2,74 \Rightarrow V_{DS} > V_{GS} - V_T \rightarrow Q \text{ en saturación.} \qquad \text{(PTU. 32)}$$

En la malla de puerta tenemos (recordamos: consideramos $I_G = 0$ siempre):

$$V_{Th} - I_G R_G - V_{GS} = 0 \Rightarrow V_{Th} = V_{GS} \Rightarrow 3,73 = \frac{4500}{R+150} \Rightarrow \boxed{R = 800\,[\text{k}\Omega]}. \qquad \text{(PTU. 33)}$$

c) VALOR DE R PARA QUE Q ENTRE EN ÓHMICA.

Recordamos que, en la zona límite óhmica–saturación, se debe cumplir que:

$$\left.\begin{array}{l} I_D = k(V_{GS} - V_T)^2 \\ V_{DS} = V_{GS} - V_T \end{array}\right\} \Rightarrow I_D = kV_{DS}^2. \qquad \text{(PTU. 34)}$$

De la malla de drenador:

$$I_D = \frac{V_{DD} - V_{DS}}{R_D} = \frac{30 - V_{DS}}{2} = 2V_{DS}^2 \Rightarrow 4V_{DS}^2 + V_{DS} - 30 = 0 \Rightarrow \begin{cases} V_{DS1} = 2,62\,[\text{V}], \\ V_{DS2} = -2,87\,[\text{V}]. \end{cases} \qquad \text{(PTU. 35)}$$

Elegimos el valor $V_{DS} = 2,62$ [V] porque V_{DS} no puede ser negativo (¿por qué?).

Hallamos R:

$$V_{GS} = V_{DS} + V_T = 2,62 + 2 = 4,62\,[\text{V}], \qquad \text{(PTU. 36)}$$

$$V_{Th} = V_{GS} \Rightarrow 4,62 = \frac{4500}{R+150} \Rightarrow \boxed{R = 824,03\,[\text{k}\Omega]}. \qquad \text{(PTU. 37)}$$

Este problema no requiere resumen.

Problema TU. 4. Transistor PMOS en configuración de fuente común.

En el circuito de la siguiente figura, Q es un MOSFET canal P con $V_T = 1$ [V] y $k = 5$ [mA/V²]. Se pide calcular:

a) Valor de V_e para el cual Q comienza a conducir.

b) Valor de V_e para el cual $V_o = 1$ [V].

c) Valor de V_e para el cual Q entra en zona óhmica.

d) Valor de V_o para $V_e= 0$ [V].

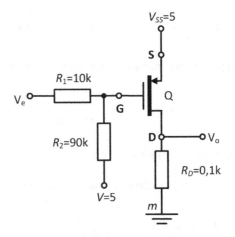

FIGURA TU. 4.

PLANTEAMIENTO Y RESOLUCIÓN

Observamos que este ejercicio es completamente análogo al problema TB.4, incluso con datos idénticos (valores de resistencias y voltajes). Lo único que ha cambiado es el tipo de transistor, que ahora es un unipolar PMOS. Por ello, estamos en condiciones de resolverlo resumidamente, prestando atención a las condiciones propias del transistor que compone el circuito. Se deja al lector la tarea de dibujar el correspondiente esquema desarrollado (básicamente consiste en copiar las figuras de las páginas 60 y 61, intercambiando el PNP por un PMOS).

a) VALOR DE V_e PARA QUE Q EMPIECE A CONDUCIR:

El equivalente Thévenin entre los puntos **G** y *m* es, ver (PTB. 43):

$$V_{Th} = V_e - \left(\frac{V_e - V}{R_1 + R_2} \right) \cdot R_1 \Rightarrow V_{Th} = V_e - \left(\frac{V_e - 5}{10 + 90} \right) \cdot 10 \Rightarrow V_{Th} = 0,9 V_e + 0,5 [V]. \qquad \text{(PTU. 38)}$$

Del mismo modo, ver ecuación (PTB. 44):

$$R_{Th} = \frac{R_1 R_2}{R_1 + R_2} = \frac{10 \cdot 90}{100} \Rightarrow R_{Th} = 9[k\Omega].$$
(PTU. 39)

La relación entre V_{SG} y V_e se obtiene de la ecuación de malla de entrada (con $I_G = 0$):

$$-V_{Th} + V - V_{SG} - I_G R_{Th} = 0 \Rightarrow V_{SG} = V - V_{Th} = 5 - (0,9V_e + 0,5) \Rightarrow$$
$$\Rightarrow V_{SG} = 4,5 - 0,9V_e.$$
(PTU. 40)

Q empieza a conducir cuando $V_{SG} = V_T$:

$$V_{SG} = V_T \Rightarrow 4,5 - 0,9V_e = 1 \Rightarrow \boxed{V_e = 3,89[V]}.$$
(PTU. 41)

b) Valor de V_e para que $V_o = 1[V]$:

Podemos escribir la malla de salida de dos maneras, y de ahí obtener V_o:

$$\left.\begin{array}{l} V_o - I_D R_D = 0 \\ V_{SS} - V_{SD} - I_D R_D = 0 \end{array}\right\} \Rightarrow V_o - I_D R_D = V_{SS} - V_{SD} - I_D R_D \Rightarrow V_o = V_{SS} - V_{SD}.$$
(PTU. 42)

También se pudo obtener dicho valor directamente, recorriendo los potenciales desde el punto m hasta el punto **D** (a través de la fuente y el transistor):

$$V_D - V_m = V_D - V_S + V_S - V_m \Rightarrow V_{Dm} = V_{DS} + V_{Sm} = -V_{SD} + V_{Sm} \Rightarrow V_o = V_{SS} - V_{SD},$$
(PTU. 43)

entonces:

$$V_o = V_{SS} - V_{SD} \Rightarrow V_{SD} = V_{SS} - V_o = 5 - 1 \Rightarrow V_{SD} = 4[V].$$
(PTU. 44)

Aplicando la Ley de Ohm a R_D, obtenemos I_D:

$$I_D = \frac{V_o}{R_D} \Rightarrow I_D = \frac{1}{0,1} \Rightarrow I_D = 10[mA].$$
(PTU. 45)

Como está conduciendo, suponemos Q en saturación:

$$I_D = k(V_{GS} - V_T)^2 \Rightarrow 10 = 5(V_{GS} - 1)^2 \Rightarrow \begin{cases} V_{SG1} = 2,41[V], \\ V_{SG2} = -0,41[V]. \end{cases}$$
(PTU. 46)

Comprobamos:

$$V_{SD} = 4 > V_{SG} - V_T = 2,41 - 1 = 1,41 \Rightarrow \text{Se verifica } Q \text{ en saturación.} \qquad \text{(PTU. 47)}$$

Finalmente:

$$V_{SG} = 2,41 = 4,5 - 0,9V_e \Rightarrow \boxed{V_e = 2,32 [V]}. \qquad \text{(PTU. 48)}$$

c) VALOR DE V_e PARA QUE Q ENTRE EN ZONA ÓHMICA:

De la malla de drenador y de la condición límite óhmica-saturación, tenemos:

$$\left. \begin{array}{l} I_D = V_o/R_D = (V_{SS} - V_{SD})/R_D \\ I_D = kV_{SD}^2 = 5 \cdot V_{SD}^2 \end{array} \right\} \Rightarrow \frac{5 - V_{SD}}{0,1} = 5 \cdot V_{SD}^2 \Rightarrow 0,5 \cdot V_{SD}^2 + V_{SD} - 5 = 0, \qquad \text{(PTU. 49)}$$

lo cual da dos resultados, siendo $V_{SD} = 2,32$ [V] la opción válida. Finalmente:

$$\begin{aligned} V_{SG} &= V_{SD} + V_T = 2,32 + 1 = 3,32 [V], \\ V_{SG} &= 3,32 = 4,5 - 0,9V_e \Rightarrow \boxed{V_e = 1,31 [V]}. \end{aligned} \qquad \text{(PTU. 50)}$$

d) VALOR DE V_o CUANDO $V_e = 0$ [V]:

De la malla de puerta, ver ecuación (PTU.40):

$$V_{SG} = 4,5 - 0,9V_e = 4,5 - 0,9 \cdot 0 = 4,5 > V_T = 1 \Rightarrow Q \text{ conduce.} \qquad \text{(PTU. 51)}$$

De la malla de drenador, suponiendo Q en saturación, tenemos:

$$V_{SD} = V_{SS} - I_D R_D = V_{SS} - k(V_{SG} - V_T)^2 R_D = 5 - 5(4,5 - 1)^2 \Rightarrow V_{SD} = -56,25 [V]. \qquad \text{(PTU. 52)}$$

Por lo que Q no puede estar en saturación. Estando en óhmica tendremos que insertar entre **S** y **D** la resistencia r_{DS}. De esta manera, de la malla de drenador:

$$\left. \begin{array}{l} I_D = \dfrac{V_{SS}}{R_D + r_D} \\[2mm] r_D = \dfrac{1}{k(V_{SG} - V_T)} \end{array} \right\} \Rightarrow I_D = \frac{5}{0,1 + \dfrac{1}{5 \cdot (4,5 - 1)}} = \frac{5}{0,1 + \dfrac{1}{17,5}} \Rightarrow \qquad \text{(PTU. 53)}$$

$$\Rightarrow I_D = \frac{5}{0,1 + 0,057} = 31,85 [mA].$$

Aplicando la Ley de Ohm a R_D, tendremos:

$$V_o = I_D R_D = 31,85 \cdot 0,1 \Rightarrow \boxed{V_o = 3,18\,[\text{V}]}.$$ (PTU. 54)

Verificamos que Q esté en zona óhmica:

$$\left. \begin{array}{l} V_{SD} = I_D r_D = 31,85 \cdot 0,0571 = 1,81\,[\text{V}] \\ V_{SG} - V_T = 4,5 - 1 = 3,5\,[\text{V}] \end{array} \right\} \Rightarrow V_{SD} < V_{SG} - V_T \rightarrow Q \text{ en óhmica.}$$ (PTU. 55)

Este problema no requiere resumen.

Problemas complementarios

PTUCOMPL.1. En el circuito de la figura, Q es un transistor NMOS con $k = 2,5\ [\text{mA/V}^2]$ y $V_T = 2\ [\text{V}]$.

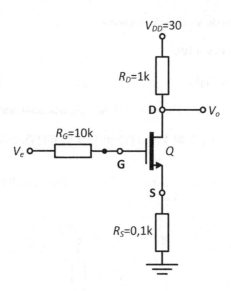

a) Hallar V_o cuando $V_e = 0$.

b) Hallar V_o cuando $V_e = 3\ [\text{V}]$ y $V_e = 10\ [\text{V}]$.

c) Calcular V_e si $V_o = 15\ [\text{V}]$.

RESPUESTAS: a) $V_o = 30\ [\text{V}]$; b) $V_o = 20\ [\text{V}]$ y $V_o = 4,44\ [\text{V}]$; c) $V_e = 5,95\ [\text{V}]$.

PISTA: $V_{GS} = V_e - I_D R_S$.

PTUCompl.2. En el circuito de la figura, Q es el mismo transistor que en el PTUCompl.1.

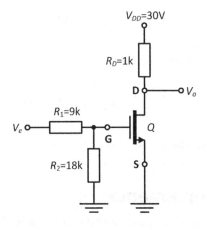

a) Hallar V_o cuando $V_e = 0$.

b) ¿Para qué valores de V_e Q está en corte?

c) Hallar V_o cuando $V_e = 4$ [V].

d) Calcular V_e si $V_o = 15$ [V].

e) ¿Para qué valores de V_e Q entra en el límite óhmica-saturación?

Respuestas: a) $V_o = 30$ [V]; b) $V_e < 3$ [V]; c) $V_o = 28,88$ [V]; d) $V_e = 6,67$ [V]; e) $V_e > 7,9$ [V].

PTUCompl.3. En el circuito de la derecha, Q es un transistor NMOS con $k = 3$ [mA/V^2], $V_T = 1,5$ [V]. Calcular la tensión V_o.

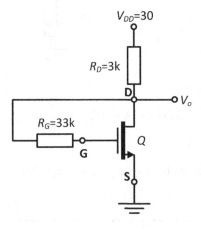

Respuesta: $V_o = 3,22$ [V].

Capítulo 4

ELECTRÓNICA DE POTENCIA: DIODOS CONTROLADOS

"El mayor reto de un pensador es formular el problema de manera que este pueda resolverse".

Bertrand Russell.

4.1. CONOCIMIENTOS REQUERIDOS

En este libro enfocaremos el tema de electrónica de potencia resolviendo problemas de diodos y triodos controlados (Diodos PNPN, Tiristores y Triacs) desde un punto de vista funcional, prescindiendo, como se ha hecho con los dispositivos utilizados en problemas anteriores, de las curvas *I-V* que describen sus funcionamientos. En todos los casos se considerarán modelos simplificados, es decir, que los dispositivos se comportarán como interruptores ideales (circuito abierto o cortocircuito) controlados.

☑ **DIODO PNPN** O **TIRISTOR DE DOS HILOS:** dispositivo compuesto por dos uniones tipo PN. Posee, al igual que el diodo, dos terminales denominados Ánodo **A** y Cátodo **K**.

SÍMBOLO

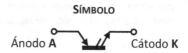

Ánodo **A**   Cátodo **K**

☑ RESUMEN DEL COMPORTAMIENTO DE UN DIODO PNPN:

✓ Se enciende cuando el voltaje V_D entre sus extremos supera cierto valor V_{TC} denominado Voltaje de Transición Conductiva, y cuando su corriente supera la Corriente Límite de Conducción, es decir: $V_D \geq V_{TC}$ e $I_D \geq I_C$.

✓ Se apaga cuando $V_D < V_{TC}$ y $I_D < I_M$ (donde I_M es la denominada Corriente de Mantenimiento o Corriente de Retención).

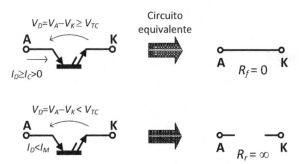

☑ **TIRISTOR**: básicamente es un diodo PNPN con tres terminales: Ánodo **A**, Cátodo **K** y Puerta **G**.

SÍMBOLO

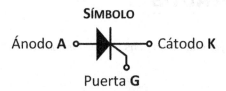

Ánodo **A** ○— Cátodo **K**

Puerta **G**

☑ RESUMEN DEL COMPORTAMIENTO DE UN TIRISTOR:

✓ Su comportamiento es similar al del diodo PNPN, aunque en este caso el voltaje de transición conductiva V_{TC} está controlado por la Corriente de Puerta I_G:

  ✗ Se enciende cuando $V_D \geq V_{TC}$ e $I_D \geq I_C$. El valor V_{TC} está controlado por I_G, de modo que mayores valores de $I_G > 0$ producen menores valores de V_{TC}. Una vez producido el disparo, no es necesario mantener dicha I_G para que el tiristor continúe conduciendo. Usualmente I_G se genera mediante pulsos cortos, según se puede observar en el problema EP.2.

  ✗ Se apaga cuando $I_D < I_M$ (como en el caso del diodo PNPN, I_M es la corriente de mantenimiento). En los problemas que aquí presentamos consideraremos $I_M = 0$.

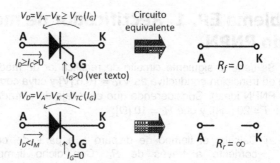

☑ **TRIAC**: dispositivo que corresponde, básicamente, a un tiristor bidireccional. Posee tres terminales: dos ánodos A_1 y A_2 y una puerta **G**. La tensión se mide entre A_1 y A_2: $V_D = V_{A2} - V_{A1}$.

SÍMBOLO

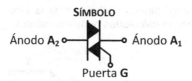

Ánodo A_2 ⊶   ⊶ Ánodo A_1

Puerta **G**

☑ RESUMEN DEL COMPORTAMIENTO DE UN TRIAC:

   ✓ La bidireccionalidad se especifica de la siguiente manera:

   ✗ Conduce cuando $V_D \geq V_{TC}$ e $I_D \geq I_C$, o cuando $V_D < -V_{TC}$ e $I_D < -I_C$. El valor $|V_{TC}|$ está controlado por $|I_G|$, de modo que mayores valores de $|I_G| > 0$ produce menores valores de $|V_{TC}|$. Como en el caso del tiristor, una vez producido el disparo, no es necesario mantener I_G para que el triac continúe conduciendo. También dicha I_G se genera, usualmente, en pulsos cortos, según se puede observar en el problema EP.3.

   ✗ Se apaga cuando $I_D < I_M$ (como en el caso del tiristor, I_M es la Corriente de Mantenimiento). Se considerará $I_M = 0$.

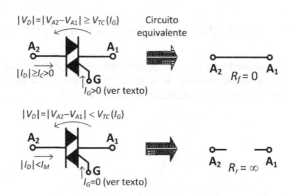

Problema EP. 1. Rectificador de media onda con diodo PNPN

Se tiene el siguiente circuito de rectificador de media onda con diodo PNPN cuyo voltaje de transición conductiva es $V_{TC} = 10,6$ [V] y cuya corriente de mantenimiento es $I_M=0$ (diodo PNPN ideal). Considerando que el voltaje de entrada $V_i(t) = 15 \, sen(\omega t)$ [V] tiene un periodo $T = 20$ [ms], y que $R_L = 10$ [Ω]:

a) Calcular el tiempo de disparo t_d a partir del cual se produce conducción de corriente a través de R_L. Con dicho tiempo de disparo determinar el correspondiente ángulo α_d.

b) Dibujar la tensión $V_L(t)$ de salida, y compararla con la tensión de entrada $V_i(t)$.

c) Calcular el valor medio $V_{L,dc}$ de la tensión $V_L(t)$ y la correspondiente corriente media $I_{L,dc}$ a través de R_L.

d) Indicar las expresiones simbólicas de la tensión y corriente eficaces $V_{L,ef}$ e $I_{L,ef}$ (no es necesario calcularlas numéricamente).

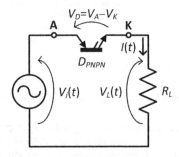

FIGURA EP. 1.

PLANTEAMIENTO Y RESOLUCIÓN

a) OBTENEMOS EL TIEMPO DE DISPARO t_d.

Aplicando ley de mallas al circuito tendremos:

$$V_i(t) - V_D(t) - I(t)R_L = 0 \Rightarrow V_m sen(\omega t) - V_D(t) - I(t)R_L = 0. \tag{PEP. 1}$$

De acuerdo con el funcionamiento del diodo PNPN ideal, este se dispara cuando $V_D \geq V_{TC}$. Inicialmente, cuando $V_i = 0$, el D_{PNPN} está desactivado (circuito abierto), es decir, $I(t)=0$, por lo tanto, de la ecuación anterior: $V_D = V_i$.

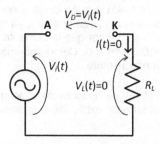

Conforme V_i empieza a crecer, la corriente sigue siendo nula hasta que V_i alcanza la tensión de disparo V_{TC} (tensión de transición conductiva o tensión de conmutación). Ello sucederá en un instante t_d, llamado tiempo de disparo, de modo que $V_i(t_d) = V_{TC}$, es decir:

$$V_m \text{sen}\left(\frac{2\pi}{T} t_d\right) = V_{TC} \Rightarrow t_d = \frac{T}{2\pi} \arcsin\left(\frac{V_{TC}}{V_m}\right) = \frac{20\,[\text{ms}]}{2\pi} \arcsin\left(\frac{10{,}6\,[\text{V}]}{15\,[\text{V}]}\right) =$$

$$= \frac{20\,[\text{ms}]}{2\pi} \frac{\pi}{4} \Rightarrow \boxed{t_d = 2{,}5\,[\text{ms}]}.$$

(PEP. 2)

Mnemotecnia: esta fórmula es más fácil de recordar si se observa que V_{TC}/V_m es una comparación entre la tensión de conmutación y la tensión máxima. Al calcular $\arcsin(V_{TC}/V_m)$, obtenemos un ángulo (en radianes). Lo llamamos $\beta = \arcsin(V_{TC}/V_m)$. Entonces, $t_d = (\beta/2\pi)T$. En otras palabras, t_d es una porción de T, y dicha porción está determinada por la relación $\beta/2\pi$ (que es la comparación de dos ángulos en radianes). Como β siempre es menor que $\pi \Rightarrow t_d < T/2$, como es de esperar.

Para calcular el ángulo correspondiente, aplicamos una regla de tres simple:

$$T \rightarrow 2\pi,$$

$$t_d \rightarrow \alpha_d \Rightarrow \alpha_d = \frac{2\pi t_d}{T} = \frac{2\pi\, 2{,}5\,[\text{ms}]}{20\,[\text{ms}]} = \frac{\pi}{4} \equiv \frac{180°}{4} = 45°.$$

(PEP. 3)

A partir de aquí el D_{PNPN} conducirá, ya que $V_i > V_{TC}$. Por lo tanto, por dicho diodo y por R_L circulará la corriente $I(t)$. El circuito equivalente será el que se indica en la siguiente figura, de modo que la corriente se calcula como $I(t) = V_i(t)/R_L$

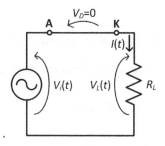

El circuito permanecerá así hasta que $I(t)$ caiga a cero (lo cual sucederá cuando V_i se reduzca a cero). En ese instante el D_{PNPN} se apagará, ya que la condición de apagado es que la corriente del diodo llegue a ser menor que la corriente de mantenimiento, es decir, $I_D < I_M$, pero como $I_D = I(t)$, e $I_M = 0 \Rightarrow I(t) < 0$. Como sabemos que V_i alcanza el valor nulo cuando $t = T/2$, entonces $I = 0$ en ese instante.

A partir de entonces el D_{PNPN} se desconecta y se mantiene abierto hasta que se repite el ciclo. Para entender mejor esta explicación, observamos las figuras del siguiente apartado.

b) DIBUJAMOS LAS TENSIONES $V_i(t)$ Y $V_L(t)$, UNA ENCIMA DE OTRA PARA COMPARARLAS:

Según se observa en la figura que representa $V_L(t)$, el resultado es similar al de un rectificador de media onda, con la sinusoide de salida, además de rectificada (valores positivos solamente), recortada. Se observa que $V_L(t)$ alcanza el valor de $V_{TC} = 10,6$ [V] en el instante $t = t_d$.

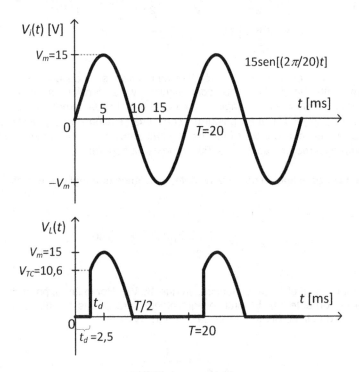

c) CALCULAMOS LOS VALORES MEDIOS DE LA TENSIÓN Y LA CORRIENTE POR R_L:

La definición de voltaje medio en los extremos de R_L es:

$$V_{L,dc} = (1/T) \int_{t=0}^{t=T} V_L(t)\, dt. \qquad\qquad \text{(PEP. 4)}$$

Leemos una vez más esta ecuación: para hallar el valor medio[16] $V_{L,dc}$ tenemos que hallar la integral definida de la tensión $V_L(t)$ entre $t = 0$ y $t = T$, es decir, hallar el área bajo la curva $V_L(t)$ en el intervalo $0 \le t \le T$, y luego dividir ese resultado por T (ver **Apéndice**).

De la figura anterior, vemos que la única porción dentro de la cual $V_L(t)$ no es igual a cero es en el intervalo $t_d \le t \le T$, de modo que, por la propiedad de la integral definida que permite descomponerla en tramos, obtenemos:

$$V_{L,dc} = (1/T) \int_{t=0}^{t=T} V_L(t)\,dt = \frac{1}{T}\left[\int_{t=0}^{t=t_d} 0\,dt + \int_{t=t_d}^{t=T/2} V_m sen(\omega t)\,dt + \int_{t=T/2}^{t=T} 0\,dt \right] =$$

$$= \frac{1}{T} \int_{t=t_d}^{t=T/2} V_m sen(\omega t)\,dt. \qquad \text{(PEP. 5)}$$

Sabiendo que $\int sen(\omega t)\,dt = -cos(\omega t)/\omega$, tendremos:

$$V_{L,dc} = \frac{1}{T} \int_{t=t_d}^{t=T/2} V_m sen(\omega t)\,dt = \frac{V_m}{T} \int_{t=t_d}^{t=T/2} sen(\omega t)\,dt = \frac{V_m}{T}\left[-\frac{cos(\omega t)}{\omega} \right]_{t=t_d}^{t=T/2}, \qquad \text{(PEP. 6)}$$

en donde vemos que V_m sale fuera de la integral por ser una constante (no depende de la variable de integración t). Los extremos $t = t_d$ y $t = T/2$ permiten evaluar la función primitiva $-cos(\omega t)/\omega$. Entonces:

$$V_{L,dc} = \frac{V_m}{T}\left[-\frac{cos(\omega t)}{\omega} \right]_{t=t_d}^{t=T/2} = \frac{V_m}{\omega T}\left[cos(\omega t) \right]_{t=T/2}^{t=t_d} = \frac{V_m}{\omega T}\left[cos(\omega t_d) - cos(\omega T/2) \right]. \qquad \text{(PEP. 7)}$$

Observamos que al quitar el signo negativo delante de $-cos(\omega t)$ hemos intercambiado los extremos $T/2$ y t_d. Sabiendo que $\omega = 2\pi/T$, tendremos[17]:

$$V_{L,dc} = \frac{V_m}{\dfrac{2\pi}{\cancel{T}}\cancel{T}}\left[cos\left(2\pi \frac{t_d}{T} \right) - cos\left(\frac{\cancel{2}\pi}{\cancel{T}} \frac{\cancel{T}}{\cancel{2}} \right) \right] = \frac{V_m}{2\pi}\left[cos\left(2\pi \frac{t_d}{T} \right) + 1 \right]. \qquad \text{(PEP. 8)}$$

Reemplazando valores obtenemos:

$$V_{L,dc} = \frac{15[V]}{2\pi}\left[cos\left(2\pi \frac{2,5 \cdot 10^{-3}[s]}{20 \cdot 10^{-3}[s]} \right) + 1 \right] \Rightarrow \boxed{V_{L,dc} = 4,07[V]}. \qquad \text{(PEP. 9)}$$

---

[16] Recordamos que el subíndice *dc* significa valor "de continua (*direct current*)", porque un valor medio es un valor constante, como de una tensión continua.

[17] Puesto que $2[cos(kt)]^2 = cos(2kt) + 1$, entonces la solución de la integral también se puede escribir como $V_{L,dc} = (V_m/\pi)\,[cos(\pi t_d/T)]^2$.

En palabras: el promedio de la tensión $V_L(t)$ vale unos 4 voltios.

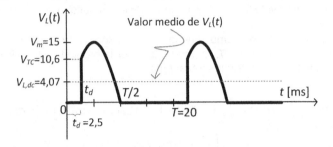

Como esta es la tensión media sobre R_L, para hallar la corriente media, como es la misma que circula por R_L, simplemente aplicamos Ley de Ohm a dicha resistencia:

$$I_{L,dc} = \frac{V_{L,dc}}{R_L} = \frac{4,07\,[\text{V}]}{10\,[\Omega]} \Rightarrow \boxed{I_{L,dc} = 0,407\,[\text{A}]}.$$
(PEP. 10)

d) EXPRESAMOS LOS VALORES EFICACES DE LA TENSIÓN Y LA CORRIENTE POR R_L:

La definición de voltaje eficaz en los extremos de R_L es:

$$V_{L,ef} = \sqrt{(1/T)\int_{t=0}^{t=T} V_L^2(t)\,dt}.$$
(PEP. 11)

Vemos que es similar al valor medio, aunque cambia en dos aspectos: hay que elevar V_L al cuadrado y hay que hallar la raíz cuadrada. Por lo demás, el procedimiento es similar al del valor promedio.

Expresamos simbólicamente la integral[18], teniendo en cuenta que V_L es distinto de cero solo cuando $t_d \le t \le T$:

$$V_{L,ef} = \sqrt{\frac{1}{T}\left\{\int_{t=0}^{t=t_d} 0\,dt + \int_{t=t_d}^{t=T/2}\left[V_m sen(2\pi t/T)\right]^2 dt + \int_{t=T/2}^{t=T} 0\,dt\right\}} \Rightarrow$$

$$\Rightarrow \boxed{V_{L,ef} = \sqrt{\frac{1}{T}\int_{t=t_d}^{t=T/2}\left[V_m sen(2\pi t/T)\right]^2 dt}}.$$
(PEP. 12)

La corriente eficaz se obtiene simplemente aplicando Ley de Ohm sobre R_L:

$$\boxed{I_{L,ef} = \frac{V_{L,ef}}{R_L}}.$$
(PEP. 13)

---

[18] El lector interesado puede resolver la integral y realizar el cálculo correspondiente.

Resumen PEP. 1

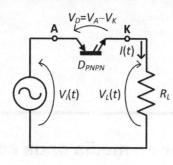

DATOS:

$V_i(t) = 15\,\mathrm{sen}(\omega t)\,[\mathrm{V}]$; $T = 20\,[\mathrm{ms}]$

$R_L = 10\,[\Omega]$

$V_{TC} = 10{,}6\,[\mathrm{V}]$; $I_M = 0$

INCÓGNITAS:

$t_d\,[\mathrm{ms}]$?

Dibujar $V_i(t)$, $V_L(t)$ [V]

$V_{L,dc}\,[\mathrm{V}]$?, $I_{L,dc}\,[\mathrm{A}]$?

Expresiones de $V_{L,ef}\,[\mathrm{V}]$?, $I_{L,ef}\,[\mathrm{A}]$?

a) t_d = ?

$$V_m\,\mathrm{sen}(2\pi t_d/T) = V_{TC} \Rightarrow t_d = (T/2\pi)\,\mathrm{arcsen}(V_{TC}/V_m) =$$

$$= (20[\mathrm{ms}]/2\pi)\,\mathrm{arcsen}(10{,}6[\mathrm{V}]/15[\mathrm{V}]) \Rightarrow \boxed{t_d = 2{,}5[\mathrm{ms}]}.$$

(PEP. 2)

b) DIBUJAMOS $V_i(t)$ y $V_L(t)$:

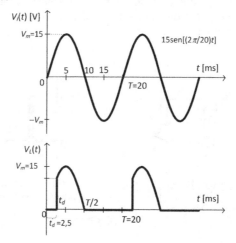

c) $V_{L,dc}$ = ?, $I_{L,dc}$ = ?

$$V_{L,dc} = \frac{1}{T}\int_{t=t_d}^{t=T/2} V_m\,\mathrm{sen}(\omega t)\,dt = \frac{V_m}{2\pi}\left[\cos\left(2\pi\frac{t_d}{T}\right)+1\right] =$$

(PEP. 6)

$$= \frac{15[\mathrm{V}]}{2\pi}\left[\cos\left(2\pi\frac{2{,}5\cdot10^{-3}[\mathrm{s}]}{20\cdot10^{-3}[\mathrm{s}]}\right)+1\right] \Rightarrow \boxed{V_{L,dc} = 4{,}07[\mathrm{V}]},$$

(PEP. 9) a

$$I_m = \frac{V_m}{R_L + R_f}$$

(PEP. 10)

d) $V_{L,ef}$ = ?, $I_{L,ef}$ = ?

$$\boxed{V_{L,ef} = \sqrt{\frac{1}{T} \int_{t=t_d}^{t=T/2} \left[V_m sen(2\pi t/T) \right]^2 dt}},$$ (PEP. 12)

$$I_{L,ef} = \frac{V_{L,ef}}{R_L}$$ (PEP. 13)

Problema EP. 2. Rectificador de media onda con tiristor

Se tiene el siguiente rectificador controlado de media onda. La fuente de tensión rectangular $V_P(t)$ se utiliza para disparar el tiristor T_h, cuya corriente de mantenimiento es I_M = 0. El voltaje de entrada es $V_i(t)$ = 50 sen(ωt), siendo ω= 2πf, con f = 100 [Hz], y la resistencia R_L = 100 [Ω].

Considerando que la corriente de puerta I_G es suficiente para que conduzca cuando la tensión de control V_P> 0 (es decir, el valor de R_G es el apropiado –aunque no se utilizará como dato en este problema–):

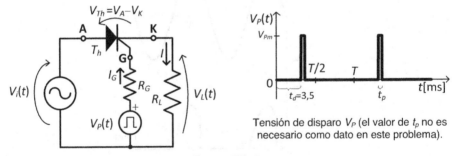

Tensión de disparo V_P (el valor de t_p no es necesario como dato en este problema).

FIGURA EP. 2.

a)   Calcular el voltaje promedio en R_L, suponiendo que el t_d de la V_{Pm} es de 3,5 [ms]. Calcular la corriente media que circula por dicha resistencia.

b)   Dibujar la forma de onda de las tensiones V_i y V_L en función del tiempo.

c)   Calcular el t_d necesario para que $V_{L,dc}$ = 10 [V].

d) Indicar las expresiones simbólicas de la tensión y corriente eficaces $V_{L,ef}$ e $I_{L,ef}$ (no es necesario calcularlas numéricamente).

e) Indicar la expresión simbólica de la potencia disipada por R_L.

a) OBTENEMOS EL VALOR PROMEDIO DE V_L:

El análisis es exactamente igual que en el del problema anterior. La diferencia radica en que t_d no se obtiene como consecuencia de igualar V_i y V_{TC}, sino directamente considerando que dicho valor se regula con el generador V_P. Así, el valor promedio de $V_L(t)$ se obtiene aplicando la ecuación (PEP. 8):

$$V_{L,dc} = \frac{V_m}{2\pi}\left[\cos\left(2\pi\frac{t_d}{T}\right)+1\right] = \frac{50[V]}{2\pi}\left[\cos\left(2\pi\frac{3,5\cdot10^{-3}[s]}{10\cdot10^{-3}[s]}\right)+1\right] \Rightarrow$$

$$\Rightarrow \boxed{V_{L,dc} = 3,28[V]}.$$

(PEP. 14)

En esta ecuación hemos tenido en cuenta que, como $f = 100$ [Hz] $\Rightarrow T = 1/f = 1/100 = 0,01$ [s] $= 10$ [ms].

Observamos que, comparado con $V_m = 50$ [V], el promedio es realmente pequeño. Eso resulta comprensible, porque t_d es mayor que $T/4 = 10/4 = 2,5$ [ms], por lo que T_h conduce durante un intervalo relativamente pequeño. Dicho intervalo es (ver siguiente figura): $T/2 - t_d = 10\ /2 - 3,5 = 1,5$ [ms], es decir, solo el 15% del período $T = 10$ [ms].

La corriente media es, aplicando la Ley de Ohm:

$$I_{L,dc} = \frac{V_{L,dc}}{R_L} = \frac{3,28[V]}{100[\Omega]} = 0,0328[A] \Rightarrow \boxed{I_{L,dc} = 32,8[mA]}.$$

(PEP. 15)

b) DIBUJAMOS LAS TRES TENSIONES:

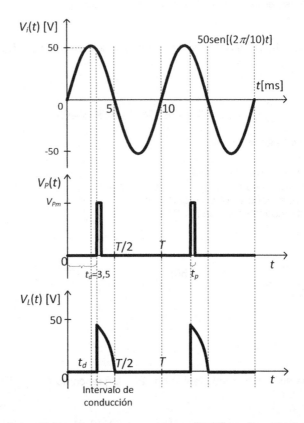

COMENTARIO: no es necesario que la V_{Pm} se prolongue desde t_d hasta $T/2$: solo es necesario un impulso de corta duración t_p. Ello sucede por la siguiente causa: cuando $V_P(t)$ = $V_{Pm} \neq 0$, por R_G circula la corriente I_G, lo que hace que el T_h se dispare (conduzca). Al conducir, continuará en ese estado hasta que $I_D = I(t)$ caiga por debajo de la corriente de mantenimiento $I_M = 0$, algo que no depende de I_G, sino simplemente de $V_i(t)$. Como en el caso del circuito con el diodo PNPN estudiado en el problema anterior, el tiristor se apagará cuando $V_i(t) < 0$.

c) ¿CÓMO PROCEDEMOS A CALCULAR t_d TENIENDO $V_{L,dc} = 10$ [V]?

Simplemente despejando dicho intervalo de la ecuación (PEP. 8):

$$V_{L,dc} = \frac{V_m}{2\pi}\left[\cos\left(2\pi \frac{t_d}{T}\right)+1\right] \Rightarrow \cos\left(2\pi \frac{t_d}{T}\right) = \frac{2\pi V_{L,dc}}{V_m} - 1 \Rightarrow$$

$$\Rightarrow t_d = \frac{T}{2\pi}\arccos\left(\frac{2\pi V_{L,dc}}{V_m} - 1\right) = \frac{10\cdot 10^{-3}\,[\text{s}]}{2\pi}\arccos\left(\frac{2\pi 10\,[\text{V}]}{50\,[\text{V}]} - 1\right) \Rightarrow \qquad \text{(PEP. 16)}$$

$$\Rightarrow \boxed{t_d = 2,09\,[\text{ms}]}.$$

d) ¿CÓMO EXPRESAMOS LA TENSIÓN Y LA CORRIENTE EFICACES EN R_L?

Las expresiones son las mismas que hemos establecido para el diodo PNPN, puesto que, como se ha dicho anteriormente, la única diferencia radica en que t_d está controlada por la fuente $V_P(t)$. Corresponden[19], por lo tanto, a las ecuaciones (PEP. 12) y (PEP. 13):

$$V_{L,ef} = \sqrt{\frac{1}{T} \int_{t=t_d}^{t=T/2} \left[V_m sen(2\pi t/T) \right]^2 dt},$$

(PEP. 17)

$$I_{L,ef} = \frac{V_{L,ef}}{R_L}.$$

(PEP. 18)

e) ¿CÓMO CALCULAMOS LA POTENCIA DISIPADA POR R_L?

Aplicando la Ley de Joule y la fórmula anterior (PEP.17) para la tensión eficaz:

$$P_L = \frac{V_{L,ef}^2}{R_L} = \frac{1}{TR_L} \int_{t=t_d}^{t=T/2} \left[V_m sen(2\pi t/T) \right]^2 dt.$$

(PEP. 19)

PREGUNTA: ¿para qué sirve este control de la tensión rectificada? Como hemos visto, sirve para controlar los valores medio y eficaz de $V_L(t)$. Este es un circuito elemental, un rectificador básico, pero el mismo principio de control de la tensión se puede aplicar para controlar, por ejemplo, la intensidad de iluminación de una lámpara incandescente, ya que dicha intensidad depende del valor eficaz de la corriente que circula por ella. También se puede utilizar, por ejemplo, para controlar la velocidad de un motor de corriente continua[20].

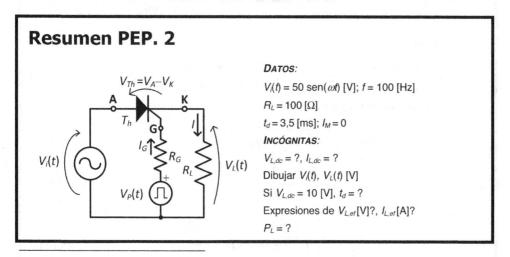

Resumen PEP. 2

$V_{Th} = V_A - V_K$

DATOS:

$V_i(t) = 50\ sen(\omega t)$ [V]; $f = 100$ [Hz]

$R_L = 100$ [Ω]

$t_d = 3,5$ [ms]; $I_M = 0$

INCÓGNITAS:

$V_{L,dc} = ?$, $I_{L,dc} = ?$

Dibujar $V_i(t)$, $V_L(t)$ [V]

Si $V_{L,dc} = 10$ [V], $t_d = ?$

Expresiones de $V_{L,ef}$[V]?, $I_{L,ef}$[A]?

$P_L = ?$

---

[19] El lector interesado puede realizar los cálculos para hallar los valores correspondientes.

[20] Esta tensión pulsante produce, sin embargo, algunos problemas en los circuitos, y que deben tenerse en cuenta en los diseños. El estudio de dichos problemas está fuera del alcance de este libro.

a) $V_{L,dc} = ?, I_{L,dc} = ?$

Tenemos $f = 100\,[Hz] \Rightarrow T = 1/f = 0,01\,[s] = 10\,[ms]$, por lo tanto:

$$V_{L,dc} = \frac{V_m}{2\pi}\left[\cos\left(2\pi\frac{t_d}{T}\right)+1\right] = \frac{50[V]}{2\pi}\left[\cos\left(2\pi\frac{3,5\cdot10^{-3}[s]}{10\cdot10^{-3}[s]}\right)+1\right] \Rightarrow$$

(PEP. 14)

$$\Rightarrow \boxed{V_{L,dc} = 3,28[V]}.$$

$$I_{L,dc} = \frac{V_{L,dc}}{R_L} = \frac{3,28[V]}{100[\Omega]} = 0,0328[A] \Rightarrow \boxed{I_{L,dc} = 32,8[mA]}.$$

(PEP. 15)

b) DIBUJAMOS $V_i(t)$ y $V_L(t)$:

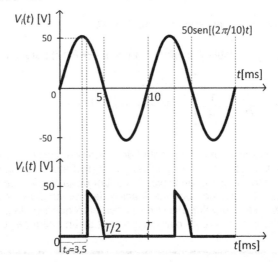

c) $V_{L,dc} = 10\,[V]$, $t_d = ?$

$$V_{L,dc} = (V_m/2\pi)\left[\cos(2\pi t_d/T)+1\right] \Rightarrow t_d = (T/2\pi)\arccos(2\pi V_{L,dc}/V_m - 1) =$$
$$= (10\cdot10^{-3}[s]/2\pi)\arccos(2\pi10[V]/50[V]-1) \Rightarrow \boxed{t_d = 2,09[ms]}.$$

(PEP. 16)

d) EXPRESIONES $V_{L,ef} = ?$, $I_{L,ef} = ?$

$$\boxed{V_{L,ef} = \sqrt{\frac{1}{T}\int_{t=t_d}^{t=T/2}\left[V_m sen(2\pi t/T)\right]^2 dt}},$$

(PEP. 17)

$$\boxed{I_{L,ef} = \frac{V_{L,ef}}{R_L}}.$$

(PEP. 18)

e) $P_L = ?$

$$\boxed{P_L = \frac{V_{L,ef}^2}{R_L} = \frac{1}{TR_L}\int_{t=t_d}^{t=T/2}\left[V_m sen(2\pi t/T)\right]^2 dt}.$$

(PEP. 19)

Problema EP. 3. Convertidor con triac

En el siguiente convertidor de corriente alterna, la fuente de tensión rectangular V_P se utiliza para disparar el triac T_r, cuya corriente de mantenimiento es $I_M = 0$. El voltaje de entrada es $V_i(t) = 50\ \text{sen}(\omega t)$, siendo $\omega = 2\pi f$, con $f = 100$ [Hz], y la resistencia $R_L = 100$ [Ω].

Suponiendo que la corriente de puerta I_G es suficiente para que conduzca cuando la tensión de control $V_P > 0$ (es decir, el valor de R_G es el apropiado –aunque no se utilizará como dato en este problema–):

a) Calcular el voltaje promedio en R_L si los tiempos de disparo de la V_P son $t_{d1} = 1$ [ms] y $t_{d2} = 3,5$ [ms].

b) Dibujar la forma de onda de las tensiones V_i y V_L en función del tiempo.

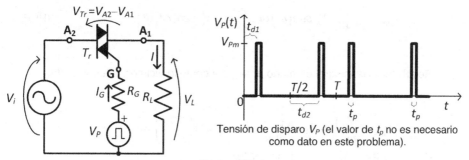

Tensión de disparo V_P (el valor de t_p no es necesario como dato en este problema).

FIGURA EP. 3.

PLANTEAMIENTO Y RESOLUCIÓN

a) VALOR PROMEDIO DE V_L:

El comportamiento del T_r se analiza de modo similar a los casos estudiados anteriormente. La diferencia radica en que el triac conduce tanto para $V_i(t)>0$ como para $V_i(t)<0$. Entonces, para hallar $V_{L,dc}$, debemos especificar cuándo se produce el disparo de T_r y cuándo se apaga. Sabemos que T_r conducirá cuando se produzca $I_G>0$. Para $V_i(t)>0$, el disparo se produce en $t = t_{d1}$. A partir de aquí se establecerá la corriente $I(t)$, y T_r se mantendría conduciendo indefinidamente si I_G se mantuviese (es decir, si $V_P = V_{Pm}$ indefinidamente). Pero como el pulso t_p es corto, $I_G = 0$ inmediatamente después del disparo, entonces T_r se apagará cuando $I(t)$ se reduzca hasta alcanzar la I_M, es decir, conducirá hasta que $I(t)=0$, lo cual sucede en $t = T/2$ (en fase con la tensión, ya que estamos con una carga resistiva)[21]. Algo similar pasará para $V_i(t)<0$: el disparo se producirá

---

[21] Recordemos que, en una impedancia resistiva, la corriente y la tensión están en fase. Para más información, se puede consultar el libro *Electricidad básica. Problemas resueltos* (editorial StarBook, 2012), de los mismos autores de este libro.

en $t = T/2 + t_{d2}$ (ver figura anterior), y T_r se apagará en $t = T$. En otras palabras, T_r conducirá en los intervalos $t_{d1} \le t \le T/2$ y $T/2 + t_{d2} \le t \le T$. La tensión en la carga puede representarse como:

$$V_L(t) = \begin{cases} 0 & 0 \le t < t_{d1}, \\ V_m sen(\omega t) & t_{d1} \le t < T/2, \\ 0 & T/2 \le t < T/2 + t_{d2}, \\ V_m sen(\omega t) & T/2 + t_{d2} \le t < T. \end{cases} \qquad \text{(PEP. 20)}$$

El valor medio de V_L será entonces:

$$V_{L,dc} = \frac{1}{T}\left[\int_{t=t_{d1}}^{t=T/2} V_m\, sen(\omega t)\, dt + \int_{t=T/2+t_{d2}}^{t=T} V_m\, sen(\omega t)\, dt \right]. \qquad \text{(PEP. 21)}$$

Resolvemos la integral de modo análogo a como lo hicimos anteriormente:

$$V_{L,dc} = \frac{V_m}{\omega T}\left\{ \left[\cos(\omega t) \right]_{t=T/2}^{t=t_{d1}} + \left[\cos(\omega t) \right]_{t=T}^{t=T/2+t_{d2}} \right\} =$$

$$= \frac{V_m}{2\pi}\left\{ \left[\cos\left(\frac{2\pi}{T}t_{d1}\right) - \cos(\pi) \right] + \left[\cos\left(\frac{2\pi}{T}(T/2+t_{d2})\right) - \cos(2\pi) \right] \right\} \Rightarrow \qquad \text{(PEP. 22)}$$

$$V_{L,dc} = \frac{V_m}{2\pi}\left[\cos\left(\frac{2\pi}{T}t_{d1}\right) + \cos\left(\frac{2\pi}{T}(T/2+t_{d2})\right) \right].$$

Reemplazando valores, obtenemos ($f = 100$ [Hz] $\Rightarrow T = 1/f = 0,01$ [s] $= 10$ [ms]):

$$V_{L,dc} = \frac{50[V]}{2\pi}\left[\cos\left(\frac{2\pi}{10[ms]}1[ms]\right) + \cos\left(\frac{2\pi}{10[ms]}\left(\frac{5[ms]}{2}+1[ms]\right)\right) \right] \Rightarrow \qquad \text{(PEP. 23)}$$

$$\Rightarrow \boxed{V_{L,dc} = 11,11[V]}.$$

b) REPRESENTAMOS GRÁFICAMENTE LAS TENSIONES:

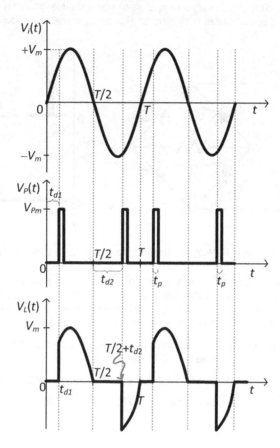

PREGUNTA: ¿cuánto valdrá $V_{L,dc}$ si $t_{d1} = t_{d2}$?

En ese caso, vemos que el comportamiento de $V_L(t)$ será simétrico respecto del eje horizontal, es decir, el área bajo la curva cuando $V_L(t) > 0$ será igual al área bajo la curva cuando $V_L(t) < 0$; entonces, la integral, que es el área total, es decir, la suma algebraica de ambas, será cero: $V_{L,dc} = 0$.

Este problema no requiere resumen.

Problema EP. 4. Rectificador de onda completa con tiristores

Se tiene el siguiente rectificador controlado compuesto por cuatro tiristores en puente. Se utilizan dos fuentes de tensión rectangulares $V_{P13}(t)$ y $V_{P24}(t)$ para disparar, respectivamente, los pares de tiristores $T_{h1}-T_{h3}$ y $T_{h2}-T_{h4}$ conectándolos a las puertas G_1-G_3 y G_2-G_4 correspondientes. En todos los casos la corriente de mantenimiento es $I_M = 0$. El voltaje de entrada es $V_i(t) = 50$ sen(ωt), con $f = 50$ [Hz] y con resistencia $R_L = 100$ [Ω].

Si las corrientes de puerta son suficientes para que los tiristores conduzcan cuando las tensiones de control son mayores que cero (los circuitos generadores de $V_{P13}(t)$ y $V_{P24}(t)$ junto con las correspondientes resistencias R_{G1} a R_{G4} no se han dibujado por sencillez):

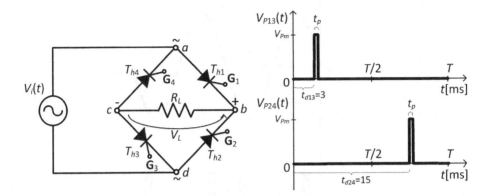

FIGURA EP. 4. Nota: el valor de t_p no es necesario como dato en este problema.

a) Dibujar la forma de onda de la tensión $V_L(t)$ y compararla con la que se obtendría si se tuviese un rectificador de onda completa con puente de diodos ideales. Según se indica en la figura anterior, el tiempo de disparo t_{d13} de la V_{P13} es de 3 [ms], mientras que el t_{d24} de la V_{P24} es de 15 [ms].

b) Calcular el voltaje promedio V_{Ldc} en la resistencia de carga R_L y la corriente media I_{Ldc} que circula por dicha resistencia.

c) Calcular los valores eficaces de la tensión y la corriente ($V_{L,ef}$ e $I_{L,ef}$).

d) Calcular la potencia disipada por R_L.

PLANTEAMIENTO Y RESOLUCIÓN

a)   OBTENEMOS LA EXPRESIÓN DE LA TENSIÓN $V_L(t)$ Y SU GRÁFICA.

Cuando se inicia un ciclo de la sinusoide $V_i(t) = 50$ sen(ωt), los cuatro tiristores están apagados, ver FIGURA EP4.a. Permanecerán así hasta que se produzca el disparo de V_{P13} en $t = t_{d13} = 3$[ms], con el cual empezarán a conducir los tiristores T_{h1} y T_{h3}, mientras que T_{h2} y T_{h4} continuarán apagados. Considerando tiristores ideales (se comportan como simples interruptores, aunque controlados), el circuito equivalente es el indicado en la FIGURA EP4.b. Por lo tanto, $I(t) = V_i(t)/R_L = V_m$sen[$(2\pi/T)t$]$/R_L$. Los tiristores T_{h1} y T_{h3} continuarán encendidos hasta que $I(t)$ se anule en $t = T/2$, en cuyo caso los cuatro tiristores volverán a estar apagados, según se indica en la FIGURA EP4.c. Finalmente, en el instante $t = t_{d24}$ los tiristores T_{h2} y T_{h4} se encenderán, estableciéndose el circuito equivalente de la FIGURA EP4.d. En este caso, tendremos, de modo análogo al de un rectificador de onda completa, un valor de $I(t) = |V_i(t)|/R_L = V_m|$sen[$(2\pi/T)t$]$|/R_L$. Estos tiristores se apagarán cuando $I(t)$ se anule, en $t = T$, reiniciándose el ciclo con el circuito de la FIGURA EP4.a.

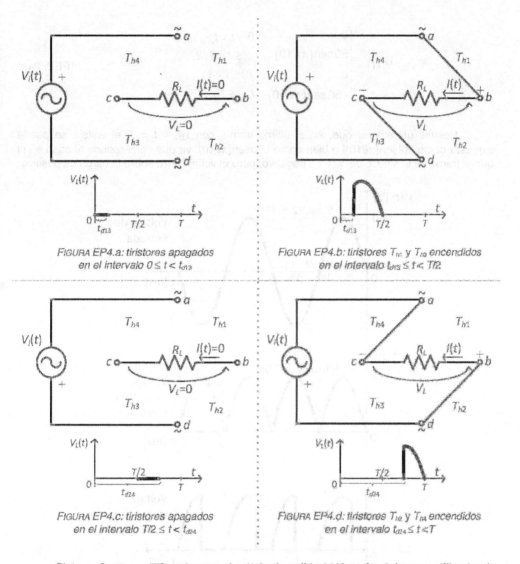

FIGURA EP4.a: tiristores apagados
en el intervalo $0 \le t < t_{d13}$

FIGURA EP4.b: tiristores T_{h1} y T_{h3} encendidos
en el intervalo $t_{d13} \le t < T/2$

FIGURA EP4.c: tiristores apagados
en el intervalo $T/2 \le t < t_{d24}$

FIGURA EP4.d: tiristores T_{h2} y T_{h4} encendidos
en el intervalo $t_{d24} \le t < T$

Si $t_{d13} = 0$ y $t_{d24} = T/2$, entonces el voltaje de salida $V_L(t)$ sería el de un rectificador de onda completa. Como tienen valores distintos a los indicados, la forma de onda del voltaje de salida será una sinusoide rectificada y recortada, según se indica en la siguiente figura, en la que se ha tenido en cuenta que $T = 1/f = 1/50 = 0,02$ [s] $= 20$ [ms].

Teniendo en cuenta lo descrito, podemos escribir la expresión que representa el voltaje de salida, sobre la carga R_L como (teniendo en cuenta que $2\pi/T = \pi/10$):

$$V_L(t) = \begin{cases} 0 & 0 \le t < t_{d13}, \\ 50\,\text{sen}(\pi t/10) & t_{d13} \le t < T/2, \\ 0 & T/2 \le t < t_{d24}, \\ -50\,\text{sen}(\pi t/10) & t_{d24} \le t < T. \end{cases}$$

(PEP. 24)

Resulta útil aclarar que, en el último tramo, con $t_{d24} \le t < T$, el voltaje se puede expresar como 50|sen(πt/10)| o bien como –50sen(πt/10), ya que corresponde al caso en el que el tramo de la sinusoide $V_i(t)$ es negativo, pero el voltaje $V_L(t)$ sobre la carga es positivo.

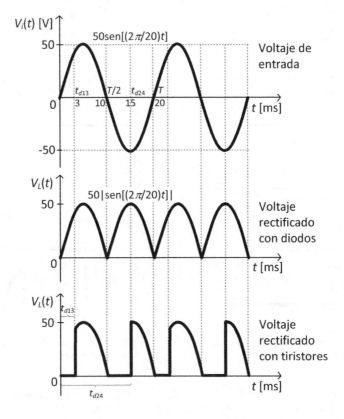

b) VALORES MEDIOS DEL VOLTAJE Y DE LA CORRIENTE EN R_L.

Recordemos una vez más:

$$\text{Voltaje promedio} = \frac{1}{T} \cdot (\text{Área, entre 0 y } T, \text{ bajo la curva del voltaje}).$$

(PEP. 25)

Y la misma idea se aplica a la corriente.

Observamos, teniendo en cuenta la figura anterior, que, como el área bajo la curva de $V_L(t)$ de un rectificador de diodos es mayor que la del voltaje $V_L(t)$ del rectificador con tiristores, entonces el voltaje medio en este último caso será menor.

Calculamos el valor promedio en R_L, teniendo en cuenta la expresión (PEP. 25):

$$V_{L,dc} = \frac{1}{T}\int_0^T V_L(t)\,dt =$$

$$= \frac{1}{T}\left[\int_0^{t_{d13}} 0\,dt + \int_{t_{d13}}^{T/2} V_m \mathrm{sen}(\omega t)\,dt + \int_{T/2}^{t_{d24}} 0\,dt - \int_{t_{d24}}^{T} V_m \mathrm{sen}(\omega t)\,dt\right],$$

(PEP. 26)

y como

$$\int_a^b \mathrm{sen}(\omega t)\,dt = -\frac{\cos(\omega t)}{\omega}\bigg|_a^b = \frac{\cos(\omega a) - \cos(\omega b)}{\omega},$$

(PEP. 27)

obtenemos,

$$V_{L,dc} = \frac{1}{T}\left[\int_{t_{d13}}^{T/2} V_m \mathrm{sen}(\omega t)\,dt - \int_{t_{d24}}^{T} V_m \mathrm{sen}(\omega t)\,dt\right] =$$

$$= \frac{\cos(\omega t_{d13}) - \cos(\omega T/2)}{T\omega} - \frac{\cos(\omega t_{d24}) - \cos(\omega T)}{T\omega},$$

(PEP. 28)

la cual se reduce, después de tener en cuenta que $\omega = 2\pi/T$, a (se dejan al lector los últimos pasos para obtener esta expresión):

$$V_{L,dc} = \frac{V_m}{2\pi}\left[\cos\left(2\pi\frac{t_{d13}}{T}\right) - \cos\left(2\pi\frac{t_{d24}}{T}\right) + 2\right].$$

(PEP. 29)

Su valor numérico es, reemplazando valores (midiendo el tiempo en milisegundos):

$$V_{L,dc} = \frac{50}{2\pi}\left[\cos\left(2\pi\frac{3}{20}\right) - \cos\left(2\pi\frac{15}{20}\right) + 2\right] \Rightarrow \boxed{V_{L,dc} = 20,59\,[\mathrm{V}]}.$$

(PEP. 30)

Comparemos este valor con el promedio establecido para un rectificador con puente de diodos, utilizando la ecuación (PDR. 19) mediante la aplicación de la Ley de Ohm, considerando $R_f = 0$ (diodos ideales, que se comportan como interruptores, tal y como se están considerando los tiristores en este problema):

$$V_{L,dc(\text{puente de diodos})} = I_{L,dc}R_L = \frac{2V_m}{R_L\pi}R_L = \frac{2V_m}{\pi}$$

$$\Rightarrow V_{L,dc(\text{puente de diodos})} = \frac{2\cdot 50}{\pi} = 31,83\,[\mathrm{V}].$$

(PEP. 31)

Según se esperaba, su valor es mayor que el obtenido con el rectificador con puente de tiristores.

¿CUÁL ES LA UTILIDAD DE UN RECTIFICADOR CONTROLADO?

Con la modificación a voluntad de los valores de t_{d13} y t_{d24} –la ecuación (PEP. 29) lo corrobora– es posible obtener un valor controlado en el voltaje medio sobre la carga R_L.

La velocidad de los motores de corriente continua, por ejemplo, depende del promedio del voltaje con el que son alimentados[22]. Entonces, si en lugar de R_L tuviésemos, por ejemplo, un motor de corriente continua (cuyo circuito equivalente corresponde a una resistencia en serie con una inductancia, es decir, una carga $Z = R+jX$), seríamos capaces de controlar el voltaje medio en sus extremos, y, por lo tanto, controlaríamos su velocidad[23].

La corriente media se obtiene simplemente aplicando la Ley de Ohm, utilizando valores medios:

$$I_{L,dc} = \frac{V_{L,dc}}{R_L} = \frac{20,59\,[\text{V}]}{100\,[\Omega]} \Rightarrow \boxed{I_{L,dc} = 0,206\,[\text{A}]}. \qquad \text{(PEP. 32)}$$

c) VALORES EFICACES DEL VOLTAJE Y DE LA CORRIENTE EN R_L.

Aquí tenemos que recordar la definición de voltaje eficaz:

$$\left(\text{Voltaje eficaz}\right)^2 = \frac{1}{T} \cdot \left[\text{Área, entre 0 y } T\text{, bajo la curva del } \left(\text{voltaje}\right)^2\right], \qquad \text{(PEP. 33)}$$

es decir,

$$V_{L,ef}^2 = \frac{1}{T}\left[\int_{t_{d13}}^{T/2}\left[V_m\text{sen}\left(\omega t\right)\right]^2 dt + \int_{t_{d24}}^{T}\left[-V_m\text{sen}\left(\omega t\right)\right]^2 dt\right]. \qquad \text{(PEP. 34)}$$

Para resolver esta integral nos resultará útil la identidad trigonométrica:

---

[22] En realidad, depende de la corriente media, pero podemos considerar, utilizando un modelo equivalente simplificado, que en un motor es aplicable la Ley de Ohm.

[23] Esta sería una manera un poco rudimentaria de controlarla, pero funcionaría, aunque existen circuitos electrónicos diseñados específicamente para producir dicho control más eficientemente. ¿Por qué decimos que sería una manera rudimentaria? Porque el voltaje varía abruptamente, sobre todo en los instantes t_{d13} y t_{d24}, en donde se produce un salto brusco (líneas verticales en las curvas de $V_L(t)$). Estos saltos bruscos –discontinuidades– deben evitarse porque podrían producir problemas (que no estudiamos aquí, denominados "armónicos") tanto en el funcionamiento del motor como en el sistema de alimentación del circuito (es decir, en los generadores que entregan de voltaje alterno al circuito). En el controlador de velocidad de un motor de corriente continua es conveniente que el voltaje de control varíe más suavemente.

$$\left(\operatorname{sen}\alpha\right)^2 = \left(-\operatorname{sen}\alpha\right)^2 = \frac{1}{2} - \frac{1}{2}\cos\left(2\alpha\right) \Rightarrow \left[\operatorname{sen}\left(\omega t\right)\right]^2 = \frac{1}{2} - \frac{1}{2}\cos\left(2\omega t\right). \qquad \text{(PEP. 35)}$$

Reemplazando esta última expresión bajo los signos integrales de la ecuación (PEP. 34), obtenemos:

$$V_{L,ef}^2 = \frac{1}{T}\left\{ \int_{t_{d13}}^{T/2} V_m^2 \left[\frac{1}{2} - \frac{1}{2}\cos\left(2\omega t\right)\right] dt + \int_{t_{d24}}^{T} V_m^2 \left[\frac{1}{2} - \frac{1}{2}\cos\left(2\omega t\right)\right] dt \right\}. \qquad \text{(PEP. 36)}$$

El desarrollo para resolver estas integrales es largo, pero sencillo (ya visto en el problema DR.1). Teniendo en cuenta que[24] $\int\cos(2\omega t)\cdot dt = [\operatorname{sen}(2\omega t)]/(2\omega)$, y que $\omega = 2\pi/T$,

$$V_{L,ef}^2 = \frac{V_m^2}{T}\left\{ \int_{t_{d13}}^{T/2} \left[\frac{1}{2} - \frac{1}{2}\cos\left(2\omega t\right)\right] dt + \int_{t_{d24}}^{T} \left[\frac{1}{2} - \frac{1}{2}\cos\left(2\omega t\right)\right] dt \right\} =$$

$$= \frac{V_m^2}{2T}\left\{ \int_{t_{d13}}^{T/2} dt - \int_{t_{d13}}^{T/2}\cos\left(2\omega t\right) dt + \int_{t_{d24}}^{T} dt - \int_{t_{d24}}^{T}\cos\left(2\omega t\right) dt \right\} = \qquad \text{(PEP. 37)}$$

$$= \frac{V_m^2}{2T}\left[t\Big|_{t_{d13}}^{T/2} - \frac{T}{4\pi}\operatorname{sen}\left(\frac{4\pi t}{T}\right)\Big|_{t_{d13}}^{T/2} + t\Big|_{t_{d24}}^{T} - \frac{T}{4\pi}\operatorname{sen}\left(\frac{4\pi t}{T}\right)\Big|_{t_{d24}}^{T} \right],$$

por lo tanto:

$$V_{L,ef}^2 = \frac{V_m^2}{2T}\left[\begin{array}{c} \dfrac{T}{2} - t_{d13} - \dfrac{T}{4\pi}\overbrace{\operatorname{sen}\left(\dfrac{4\pi T}{2T}\right)}^{\operatorname{sen}\pi=0} + \dfrac{T}{4\pi}\operatorname{sen}\left(\dfrac{4\pi t_{d13}}{T}\right) + \\[2ex] +T - t_{d24} - \dfrac{T}{4\pi}\overbrace{\operatorname{sen}\left(\dfrac{4\pi T}{T}\right)}^{\operatorname{sen}(4\pi)=0} + \dfrac{T}{4\pi}\operatorname{sen}\left(\dfrac{4\pi t_{d24}}{T}\right) \end{array} \right] \Rightarrow$$

$$\Rightarrow V_{L,ef}^2 = \frac{V_m^2}{2T}\left[\frac{3T}{2} - t_{d13} - t_{d24} + \frac{T}{4\pi}\operatorname{sen}\left(\frac{4\pi t_{d13}}{T}\right) + \frac{T}{4\pi}\operatorname{sen}\left(\frac{4\pi t_{d24}}{T}\right) \right] \Rightarrow \qquad \text{(PEP. 38)}$$

$$\Rightarrow V_{L,ef} = \frac{V_m}{\sqrt{2T}}\left[\frac{3T}{2} - t_{d13} - t_{d24} + \frac{T}{4\pi}\operatorname{sen}\left(\frac{4\pi t_{d13}}{T}\right) + \frac{T}{4\pi}\operatorname{sen}\left(\frac{4\pi t_{d24}}{T}\right) \right]^{1/2}.$$

---

[24] En rigor se tiene que $\int\cos(\omega t)\cdot dt = [\operatorname{sen}(\omega t)]/\omega + C$, pero dicha constante C se cancela al resolver la integral definida.

El voltaje eficaz de la carga, para el caso del problema es, entonces:

$$V_{L,ef} = \frac{50}{\sqrt{2 \cdot 20}} \left[\frac{3 \cdot 20}{2} - 3 - 15 + \frac{20}{4\pi} \operatorname{sen}\left(\frac{4\pi 3}{20}\right) + \frac{20}{4\pi} \operatorname{sen}\left(\frac{4\pi 15}{20}\right) \right]^{\frac{1}{2}} \Rightarrow$$

$$\Rightarrow \boxed{V_{L,ef} = 29,06[V]}.$$

(PEP. 39)

Este valor debería ser menor que el de un rectificador de onda completa con diodos. Verificamos, aplicando la ecuación (PDR. 34), que el resultado cumple con lo previsto:

$$V_{L,ef(\text{puente de diodos})} = R_L I_{L,ef} = R_L \frac{I_m}{\sqrt{2}} = \frac{V_m}{\sqrt{2}} = \frac{50}{\sqrt{2}} \Rightarrow V_{L,ef(\text{puente de diodos})} = 35,33[V].$$

(PEP. 40)

Para obtener la corriente eficaz, aplicamos la Ley de Ohm:

$$I_{L,ef} = \frac{V_{L,ef}}{R_L} = \frac{29,06[V]}{100[\Omega]} \Rightarrow \boxed{I_{L,ef} = 0,291[A]}.$$

(PEP. 41)

d) POTENCIA DISIPADA POR R_L.

Habiendo calculado la corriente eficaz, podemos hallar la potencia disipada por la carga aplicando directamente la Ley de Joule:

$$P_L = I_{L,ef}^2 R_L = (0,291[A])^2 \cdot 100[\Omega] \Rightarrow \boxed{P_L = 8,44[W]}.$$

(PEP. 42)

Una forma alternativa de calcular esta potencia es utilizando el voltaje eficaz V_{Lef}:

$$P_L = \frac{V_{L,ef}^2}{R_L} = \frac{(29,06[V])^2}{100[\Omega]} \Rightarrow \boxed{P_L = 8,44[W]}.$$

(PEP. 43)

¿QUÉ SIGNIFICA ESTE RESULTADO?

Esta es la potencia media consumida por la resistencia de carga (ver **Apéndice**). Si la comparamos con la potencia media obtenida con el rectificador en puente de diodos, resultará ser más pequeña (el lector puede comprobarlo utilizando la ecuación (PEP. 40)). Como la potencia instantánea en R_L es $P_L(t) = [I(t)]^2 R_L$, dicha potencia varía en concordancia con la corriente al cuadrado. En el caso del puente de tiristores, hay intervalos en los que $I(t) = 0$, y por lo tanto no hay consumo de potencia de R_L. En promedio, el rectificador con puente de diodos hace que la carga consuma más potencia que el puente de tiristores. Si la R_L correspondiese a la resistencia de un calefactor[25], entonces con el uso de tiristores de potencia sería posible controlar el calor generado por este.

---

[25] Un calefactor eléctrico es simplemente una resistencia cuyo calor generado (el cual se calcula aplicando la Ley de Joule $I^2 R$) se aprovecha para calentar el aire circundante.

Resumen PEP. 4

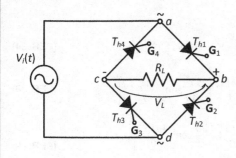

DATOS:

$V_i(t) = 50\,\text{sen}(\omega t)$ [V], $f = 50$ [Hz]

$R_L = 100$ [Ω]

$t_{d13} = 3$ [ms]; $t_{d24} = 15$ [ms]; $I_M = 0$

INCÓGNITAS:

Dibujar $V_L(t)$ [V]. Compararla con $V_L(t)$ obtenida con rectificador de diodos en puente.

$V_{L,dc} = ?$, $I_{L,dc} = ?$

$V_{L,ef}$[V]?, $I_{L,ef}$[A]?

$P_L = ?$

a) OBTENEMOS $V_L(t)$, LA DIBUJAMOS Y LA COMPARAMOS CON $V_L(t)$ DE UN RECTIFICADOR DE ONDA COMPLETA CON PUENTE DE DIODOS:

De acuerdo a los tiempos de disparo, tenemos

$$V_L(t) = \begin{cases} 0 & 0 \le t < t_{d13}, \\ 50\,\text{sen}(\pi t/10) & t_{d13} \le t < T/2, \\ 0 & T/2 \le t < t_{d24}, \\ -50\,\text{sen}(\pi t/10) & t_{d24} \le t < T. \end{cases} \qquad \text{(PEP. 24)}$$

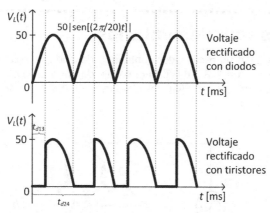

b) $V_{L,dc} = ?$, $I_{L,dc} = ?$

$$V_{L,dc} = \frac{1}{T}\left[\int_0^{t_{d13}} 0\,dt + \int_{t_{d13}}^{T/2} V_m\,\text{sen}(\omega t)\,dt + \int_{T/2}^{t_{d24}} 0\,dt - \int_{t_{d24}}^{T} V_m\,\text{sen}(\omega t)\,dt\right] \Rightarrow \qquad \text{(PEP. 26)}$$

$$V_{L,dc} = \frac{V_m}{2\pi}\left[\cos\left(2\pi\frac{t_{d13}}{T}\right) - \cos\left(2\pi\frac{t_{d24}}{T}\right) + 2\right]. \qquad \text{(PEP. 29)}$$

$$V_{L,dc} = \frac{50}{2\pi}\left[\cos\left(2\pi\frac{3}{20}\right) - \cos\left(2\pi\frac{15}{20}\right) + 2\right] \Rightarrow \boxed{V_{L,dc} = 20{,}59\,[\text{V}]}. \qquad \text{(PEP. 30)}$$

$$I_{L,dc} = \frac{V_{L,dc}}{R_L} = \frac{20,59[\text{V}]}{100[\Omega]} \Rightarrow \boxed{I_{L,dc} = 0,206[\text{A}]}.$$
(PEP. 32)

c) $V_{L,ef}$ = ?, $I_{L,ef}$ = ?

$$V_{L,ef}^2 = \frac{1}{T}\left[\int_{t_{d13}}^{T/2}\left[V_m \text{sen}(\omega t)\right]^2 dt + \int_{t_{d24}}^{T}\left[-V_m \text{sen}(\omega t)\right]^2 dt\right] \Rightarrow$$
(PEP. 34)

$$\Rightarrow V_{L,ef} = \frac{V_m}{\sqrt{2T}}\left[\frac{3T}{2} - t_{d13} - t_{d24} + \frac{T}{4\pi}\text{sen}\left(\frac{4\pi t_{d13}}{T}\right) + \frac{T}{4\pi}\text{sen}\left(\frac{4\pi t_{d24}}{T}\right)\right]^{\frac{1}{2}},$$
(PEP. 38)

$$V_{L,ef} = \frac{50}{\sqrt{2\cdot20}}\left[\frac{3\cdot20}{2} - 3 - 15 + \frac{20}{4\pi}\text{sen}\left(\frac{4\pi3}{20}\right) + \frac{20}{4\pi}\text{sen}\left(\frac{4\pi15}{20}\right)\right]^{\frac{1}{2}} \Rightarrow$$
(PEP. 39)

$$\Rightarrow \boxed{V_{L,ef} = 29,06[\text{V}]},$$

$$I_{L,ef} = \frac{V_{L,ef}}{R_L} = \frac{29,06[\text{V}]}{100[\Omega]} \Rightarrow \boxed{I_{L,ef} = 0,291[\text{A}]}.$$
(PEP. 41)

d) P_L = ?

$$P_L = I_{L,ef}^2 R_L = (0,291[\text{A}])^2 100[\Omega] \Rightarrow \boxed{P_L = 8,44[\text{W}]}.$$
(PEP. 42)

Problemas complementarios

PEPCOMPL.1. Se tiene un rectificador controlado de onda completa con diodos PNPN (ver siguiente figura) con V_{TC} = 6 [V]. Si el voltaje de entrada $V_i(t)$ = 10 sen(ωt) [V] tiene un período T = 40 [ms] y R_L = 20 [Ω], calcular las corrientes $I_{L,dc}$ e $I_{L,ef}$ (media y eficaz) en la resistencia de carga.

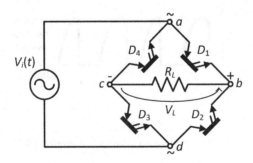

RESPUESTAS: $I_{L,dc}$ = 0,28 [A], $I_{L,ef}$ = 0,34 [A].

PEPCOMPL.2. Según se indica en la siguiente figura, se tiene un rectificador controlado de onda completa en puente compuesto por dos diodos PNPN (V_{TC} = 14 [V]) y dos tiristores (con sus correspondientes circuitos de disparo, no dibujados por sencillez, con

t_{d13} = 4 [ms]). El circuito está alimentado por una fuente sinusoidal $V_i(t)$ = 20 sen(πt/10), estando t medido en [ms].

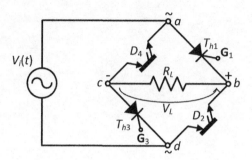

Hallar los voltajes V_{Ldc} y V_{Lef} (medio y eficaz) en la carga R_L.

RESPUESTAS: V_{Ldc} = 9,62 [V], V_{Lef} = 12,67 [V].

PEPCOMPL.3. Una fuente de onda cuadrada periódica $V_i(t)$ alimenta una resistencia de carga R_L = 15 [Ω] a través de un triac, según se indica en la siguiente figura. Si la tensión de entrada periódica puede expresarse como:

$$V_i(t) = \begin{cases} 10 & \text{si } 0 \leq t < 15 [\text{ms}]; \\ -10 & \text{si } 15 \leq t < 30 [\text{ms}]. \end{cases}$$

hallar las corrientes continua I_{Ldc} y eficaz I_{Lef} en la carga. Establecer la potencia P_L consumida por R_L. Considerar (ver figura de la derecha) t_{d1} = 5 [ms], t_{d2} = 4 [ms], despreciando el valor de t_p y estableciendo I_M = 0.

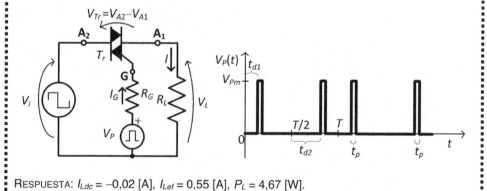

RESPUESTA: I_{Ldc} = −0,02 [A], I_{Lef} = 0,55 [A], P_L = 4,67 [W].

Capítulo 5

AMPLIFICADORES

"Aprender sin reflexionar es malgastar la energía".

Confucio.

5.1. CONOCIMIENTOS REQUERIDOS

Los problemas presentados a continuación abarcan, por un lado, conceptos relacionados con los Amplificadores de Tensión y, por otro, los relacionados con Amplificadores Operacionales (AO). La mayoría de los problemas consistirán en circuitos compuestos por uno o más AO.

☑ AMPLIFICADOR: circuito electrónico diseñado para elevar el valor de la tensión, corriente o potencia de una señal, procurando mantener su forma (variación en el tiempo) lo más fielmente posible.

☑ PARÁMETROS CARACTERÍSTICOS DE UN AMPLIFICADOR: en la siguiente figura se observa un diagrama simplificado de un amplificador conectado a una fuente de tensión externa en serie con una resistencia (correspondiente al Equivalente Thévenin del circuito que genera la señal de entrada, ver nota al pie de página 56). A la salida del amplificador se conecta un circuito pasivo representado por una resistencia equivalente de carga.

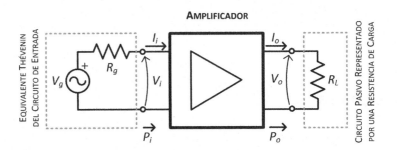

✓ Los parámetros característicos son:

× **GANANCIA**: valor (número real) que establece la relación existente entre un parámetro de entrada y otro de salida. Dicha relación se especifica mediante un cociente. Así, por ejemplo, se tiene:

⅄ **GANANCIA DE TENSIÓN**: relación entre el voltaje V_o medido en bornes de salida del amplificador y el voltaje V_i medido en sus bornes de entrada:

$$A_V = \frac{V_o}{V_i}.$$ (PAMP. 1)

Según se observa, A_V es una cantidad adimensional, aunque también se puede medir en decibelios (dB), en cuyo caso la expresión correspondiente es:

$$A_{VdB} = 10\log_{10}\left(\frac{V_o}{V_i}\right)^2 = 20\log_{10}\left|\frac{V_o}{V_i}\right| [\text{dB}].$$ (PAMP. 2)

⅄ **GANANCIA DE CORRIENTE**: relación entre la corriente de salida I_o del amplificador y la correspondiente corriente de entrada I_i:

$$A_I = \frac{I_o}{I_i}.$$ (PAMP. 3)

Dicha ganancia, medida en decibelios, es:

$$A_{IdB} = 10\log_{10}\left(\frac{I_o}{I_i}\right)^2 = 20\log_{10}\left|\frac{I_o}{I_i}\right| [\text{dB}].$$ (PAMP. 4)

⅄ **GANANCIA DE POTENCIA**: relación entre la potencia de salida P_o y la potencia de entrada P_i:

$$A_P = \frac{P_o}{P_i},$$ (PAMP. 5)

cuya expresión en decibelios es:

$$A_{PdB} = 10\log_{10}\frac{P_o}{P_i}\,[\text{dB}].$$ (PAMP. 6)

Se observa que en este último caso no es necesario considerar el valor absoluto, ya que ambas potencias se consideran positivas. Además, se calcula como 10 veces el logaritmo de P_o/P_i, en contraposición a las ganancias de tensión y de corriente, que se calculan como el 20 logaritmo de sus respectivos cocientes.

× RESISTENCIAS: valor (número real) que establece la relación existente entre los voltajes y las corrientes. Dicha relación se especifica mediante un cociente, obtenido básicamente a través de la Ley de Ohm. Se tiene entonces:

⋏ RESISTENCIA DE ENTRADA: relación entre el voltaje V_i medido en bornes de entrada del amplificador y la corriente I_i medida en los mismos bornes (los subíndices i se utilizan para especificar *input*, es decir "entrada" en inglés):

$$R_i = \frac{V_i}{I_i}\,[\Omega].$$ (PAMP. 7)

⋏ RESISTENCIA DE SALIDA: relación entre el voltaje V_o medido en bornes de salida del amplificador cuando la resistencia $R_L = \infty$ (voltaje de salida en circuito abierto V_{oo}, donde los subíndices indican *output* y *open*) y la corriente I_o medida en los mismos bornes, pero cuando $R_L = 0$ (corriente de cortocircuito I_{os}, en donde los subíndices indican *output* y *short-circuit*):

$$R_o = \frac{V_o\big|_{R_L=\infty}}{I_o\big|_{R_L=0}} = \frac{V_{oo}}{I_{os}}\,[\Omega].$$ (PAMP. 8)

De acuerdo con los valores de los parámetros descritos anteriormente es posible identificar tres tipos de amplificadores: Amplificador de Tensión, Amplificador de Corriente y Amplificador de Potencia. En este libro se considerará que los amplificadores utilizados son de tensión. Dichos amplificadores se caracterizan por establecer la relación dada en (PAMP. 1) entre los voltajes de entrada y de salida, además de poseer una resistencia de entrada muy grande y una resistencia de salida muy pequeña. En estos dos últimos casos, se establece una comparativa entre las resistencias externas involucradas, así:

$$R_i \gg R_g, \qquad\qquad \text{(PAMP. 9)}$$

indica que, para un amplificador de tensión, la resistencia de entrada es grande cuando se la compara con la resistencia equivalente de la fuente de entrada, mientras que

$$R_o \ll R_L, \qquad\qquad \text{(PAMP. 10)}$$

indica que la resistencia de salida de un amplificador de tensión es pequeña cuando se la compara con la resistencia de carga. Para más información, ver el problema AMP.1.

× **ANCHO DE BANDA**: rango de frecuencias dentro del cual algún parámetro del amplificador mantiene un valor superior a un mínimo establecido. En este libro utilizaremos el ancho de banda de ganancia de voltaje. De acuerdo a esto:

 ⅄ **ANCHO DE BANDA DE GANANCIA DE VOLTAJE**: rango de frecuencias dentro del cual la ganancia se mantiene por encima del 70% de su valor máximo, específicamente cuando:

$$A_V \geq \frac{A_{Vm}}{\sqrt{2}} \cong 0,707\, A_{Vm}. \qquad\qquad \text{(PAMP. 11)}$$

Numéricamente, el ancho de banda B se calcula como:

$$B = f_{CH} - f_{CL}\ [Hz], \qquad\qquad \text{(PAMP. 12)}$$

siendo f_{CL} la frecuencia más baja por debajo de la cual $\left(A_{Vm}/\sqrt{2}\right) < A_V$, y f_{CH} la frecuencia más alta por encima de la cual $\left(A_{Vm}/\sqrt{2}\right) < A_V$. Según se ha indicado, B se mide en hertzios [Hz].

☑ **REALIMENTACIÓN**: en un amplificador, cuando parte de la señal de salida se conecta –a través de uno o varios dispositivos (red de realimentación)– a la entrada, se habla de realimentación. Cuando dicha señal de realimentación se suma a la señal de entrada se habla de realimentación positiva, mientras que si se resta, se habla de realimentación negativa.

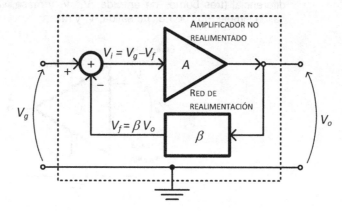

En la figura se observa el caso de realimentación negativa, en la que la porción β del voltaje de salida V_o se resta a la señal de entrada V_g, obteniéndose la señal $V_i = V_g - V_f = V_g - \beta V_o$ que se conecta a la entrada del amplificador de ganancia de tensión A, por lo tanto:

$$A = \frac{V_o}{V_i} \Rightarrow V_o = AV_i = A\left(V_g - \beta V_o\right). \qquad \text{(PAMP. 13)}$$

La Ganancia de Tensión del Amplificador Realimentado (el sistema encerrado por la línea de puntos en la figura anterior) es, por definición:

$$A_f = \frac{V_o}{V_g}, \qquad \text{(PAMP. 14)}$$

en donde el subíndice f indica *feedback* (realimentación). Despejando V_g de la ecuación (PAMP. 13) y reemplazándola en la ecuación (PAMP. 14), se obtiene la relación entre la ganancia del amplificador realimentado A_f, el Factor de Realimentación β y la ganancia A del amplificador sin realimentar:

$$A_f = \frac{A}{1 + \beta A}. \qquad \text{(PAMP. 15)}$$

Para que un amplificador ideal realimentado mantenga su condición de linealidad (es decir, que a la salida se obtenga una señal proporcional a la de entrada, quizás con algún retraso constante en el tiempo), es necesario que la realimentación sea negativa. En aquellos casos en que se utiliza la realimentación positiva, sin embargo, dicha linealidad se pierde en favor de otras características que también resultan ser provechosas (ver problema AMP.9, por ejemplo).

☑ **AMPLIFICADOR OPERACIONAL (AO)**: amplificador de tensión con entrada diferencial (tres bornes de entrada, V_+, V_- y masa, ver siguiente figura) y salida simple (dos bornes de salida, V_o y masa).

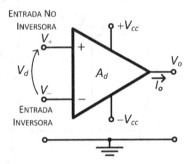

Usualmente el terminal de masa se elimina del diagrama, manteniéndose implícito.

☑ **PARÁMETROS CARACTERÍSTICOS DE UN AO**: con la ayuda de la siguiente figura se indican los parámetros que caracterizan a un amplificador operacional.

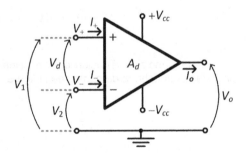

✗ $\pm V_{CC}$: tensiones de alimentación del AO.

✗ V_+: Tensión de Entrada No Inversora. Se denomina así porque en ciertas configuraciones, cuando la fuente de entrada se conecta entre este borne y masa, a la salida V_o se obtiene una tensión amplificada **del mismo signo** que el de la entrada.

✗ V_-: Tensión de Entrada Inversora. En ciertas configuraciones, cuando la fuente de entrada se conecta entre este borne y masa, a la salida V_o se obtiene una tensión amplificada **de signo contrario** al de la entrada.

* $V_d = V_+ - V_- = V_1 - V_2$: Tensión Diferencial del AO.

* A_d: Ganancia Diferencial de Tensión o simplemente Ganancia del AO. Se define como:

$$A_d = \frac{V_o}{V_d}. \qquad\qquad\qquad \text{(PAMP. 16)}$$

* I_+, I_-: Corrientes de Entrada, correspondientes a las entradas No Inversora e Inversora, respectivamente. En condiciones normales, dichas corrientes son nulas (porque, según se verá, la resistencia de entrada del AO es muy elevada).

* I_o: Corriente de Salida (en general, distinta de cero), que es suministrada por la fuente externa $\pm V_{CC}$ y que depende del dispositivo conectado entre el borne V_o y masa.

* R_{id}: Resistencia de Entrada Diferencial, que corresponde a la resistencia entre los terminales inversor y no inversor, cuando el terminal de salida se anula (V_o a masa).

* R_o: Resistencia de Salida, que corresponde a la resistencia entre los terminales V_o y masa, ver ecuación (PAMP. 8).

* B: Ancho de Banda de Ganancia, que corresponde a la misma definición dada para los amplificadores, ver (PAMP. 12).

☑ **VALORES TÍPICOS DE LOS PARÁMETROS DE UN AO IDEAL:**

* Ganancia diferencial infinita: $A_d = \infty$.

* Resistencia de entrada diferencial infinita: $R_{id} = \infty$.

* Resistencia de salida nula: $R_o = 0$.

* Ancho de banda de ganancia infinito: $B = \infty$.

* Margen dinámico (rango del voltaje V_o): $-V_{CC} \leq V_o \leq +V_{CC}$. En otras palabras: el voltaje de salida nunca sobrepasa, en valor absoluto, al de las tensiones simétricas de alimentación.

Problema AMP. 1. Amplificador de tensión

Se tiene el amplificador de un sistema de comunicaciones de un barco. A su entrada se conecta una fuente de alimentación, y a su salida, un altavoz de resistencia R_L (ver siguiente figura). A una frecuencia de 500 [Hz] se miden los siguientes parámetros: tensión de entrada $V_i = 100$ [mV], corriente de entrada $I_i = 0,5$ [mA], tensión de salida $V_o = 8$ [V], corriente de salida I_o = 80 [mA]. Considerando a dicho sistema como un amplificador de tensión, calcular los siguientes parámetros e interpretar (razonar) los resultados:

AMPLIFICADOR

(SISTEMA DE COMUNICACIONES)

FIGURA AMP. 1.

a) Ganancia de tensión A_V del amplificador con R_L conectada. Ganancia A_V en decibelios.

b) Calcular la ganancia que tendría este sistema si fuese considerado como un amplificador de potencia. También calcular la ganancia de potencia en dB.

c) Calcular las resistencias de entrada R_i y de salida R_o de este amplificador, sabiendo que (con los mismos valores de V_i e I_i dados anteriormente) cuando no se conecta el altavoz R_L a la salida, la tensión de salida es de V_o = 10 [V], mientras que la corriente de salida es I_o = 400 [mA] cuando R_L = 0 (cortocircuito).

PLANTEAMIENTO Y RESOLUCIÓN

a)   ¿CÓMO SE OBTIENE LA GANANCIA DE TENSIÓN A_V?

A una frecuencia dada, es simplemente la relación entre la tensión de salida y la tensión de entrada. Teniendo en cuenta que V_i = 100 [mV] = 0,1 [V] y V_o = 8 [V], tendremos:

$$A_V = \frac{V_o}{V_i} = \frac{8[V]}{0,1[V]} = 80. \tag{PAMP. 17}$$

SIGNIFICADO: una ganancia igual a 80 indica que la tensión de salida es 80 veces la tensión de entrada (es decir A_V = V_o/V_i $\Rightarrow$ V_o = $A_V \cdot V_i$ = 80 V_i). Observamos que A_V es adimensional (relación de dos tensiones) lo cual resulta razonable, puesto que al multiplicar V_i, medida en [V], por A_V, debemos obtener V_o en [V] nuevamente.

Para calcular la ganancia en decibelios, debemos considerar la siguiente relación:

$$A_{V,dB} = 20\log_{10}|A_V| = 20\log_{10}|80| = 20\log_{10}80 = 38,06[dB]. \tag{PAMP. 18}$$

Se tiene que considerar el valor absoluto de A_V porque el logaritmo de los números reales negativos no está definido en el campo de los números reales, aunque en este caso no es necesario, puesto que $A_V > 0$.

¿PARA QUÉ SIRVE CALCULAR LA GANANCIA EN DECIBELIOS?

Existen, fundamentalmente, tres razones que justifican el uso de los decibelios:

i) Puesto que los amplificadores son usuales en sistemas de audio (para amplificar sonidos audibles), resulta natural establecer ganancias de potencia en decibelios, porque el oído humano percibe los cambios de potencia mecánica (cambios de presión del aire, es decir, cambios de intensidad de sonido, los cuales son proporcionales a la potencia eléctrica de salida de dicho sistema de audio) de modo logarítmico. En otras palabras: si se duplica la potencia sonora, el oído humano no percibe esto como duplicación de volumen. Solo si se duplica el logaritmo de la potencia sonora el oído lo percibirá como duplicación de volumen.

ii) La ganancia total de dos amplificadores en serie es igual a la multiplicación de las ganancias (ver problema AMP.4, por ejemplo). Eso indica que si conectamos más amplificadores en serie, la ganancia total será igual a la multiplicación de las ganancias. Pero como $Log_{10}(x \cdot y) = Log_{10}(x) + Log_{10}(y)$, donde x e y son dos números reales positivos, entonces al realizar operaciones, se reemplazan multiplicaciones por sumas (y divisiones por restas), algo que resulta útil en algunas manipulaciones cuando se trabaja con ganancias.

iii) Cuando se representa la ganancia gráficamente, una representación logarítmica resulta más cómoda. Veamos por qué:

✓ $Log_{10}(10) = 1$
✓ $Log_{10}(100) = 2$
✓ $Log_{10}(1000) = 3$

Es decir, que una variación de ganancia en un factor de 100 (la ganancia ha pasado de 10 a 1000) se indica como una variación de 2 decibelios (se pasa de 1 a 3 dB). Como las ganancias pueden variar en factores de 10, al representar la ganancia gráficamente, dichas variaciones se representan de modo menos abrupto.

iv) Cuando se analiza la respuesta en frecuencia de un amplificador, se suelen recorrer valores de frecuencia entre, por ejemplo, 1[Hz] y 25000 [Hz], y si este rango se representa gráficamente, la escala logarítmica del eje de frecuencias f resulta ser adecuada, ya que las variaciones (crecimiento o decrecimiento) de ganancia a bajas frecuencias suelen ser menos pronunciadas que a altas frecuencias, con lo que en escala logarítmica dichas variaciones (pendientes de las curvas) son similares. Todo esto se observa, por ejemplo, en el problema

AMP.2. En este caso, entonces, decimos que también algunas veces es conveniente representar gráficamente la frecuencia en escala logarítmica.

b) ¿CÓMO SE OBTIENE LA GANANCIA DE POTENCIA A_P?

Calculamos las potencias de entrada y de salida y hallamos la relación entre ambas:

$$P_i = V_i I_i = \frac{100}{1000}[\text{V}]\frac{0,5}{1000}[\text{A}] = \frac{5 \cdot 10}{10^6}[\text{W}] = 50 \cdot 10^{-6}[\text{W}] = 50 \ [\mu\text{W}], \qquad \text{(PAMP. 19)}$$

$$P_o = V_o I_o = 8[\text{V}]\frac{80}{1000}[\text{A}] = \frac{640}{1000}[\text{W}] = 640[\text{mW}], \qquad \text{(PAMP. 20)}$$

$$A_P = \frac{P_o}{P_i} = \frac{640/1000[\text{W}]}{0,05/1000 \ [\text{W}]} = \frac{640[\text{mW}]}{0,05 \ [\text{mW}]} = 12800. \qquad \text{(PAMP. 21)}$$

SIGNIFICADO: la potencia de salida es 12800 veces la de la entrada.

En decibelios, esto se traduce a:

$$A_{P,dB} = 10\log_{10}12800 = 41,07[\text{dB}]. \qquad \text{(PAMP. 22)}$$

c) CALCULAMOS LAS RESISTENCIAS DE ENTRADA Y DE SALIDA

La resistencia de entrada R_i se obtiene aplicando directamente la Ley de Ohm con el voltaje y la corriente de entrada:

$$R_i = \frac{V_i}{I_i} = \frac{100/1000[\text{V}]}{0,5/1000[\text{A}]} = 200 \ [\Omega]. \qquad \text{(PAMP. 23)}$$

SIGNIFICADO: esta es la resistencia que "ve" la fuente de la señal de entrada al conectarse al amplificador (es la resistencia equivalente del amplificador, medida entre sus bornes de entrada).

Para obtener la resistencia de salida R_o se obtiene aplicando Ley de Ohm con el voltaje de salida medido cuando no hay carga ($R_L = \infty$) y la corriente de salida medida cuando se cortocircuita la salida (se anula su valor: $R_L = 0$):

$$R_o = \frac{V_o\big|_{\text{con } R_L = \infty}}{I_o\big|_{\text{con } R_L = 0}} = \frac{V_{oo}}{I_{os}} = \frac{10[\text{V}]}{400/1000[\text{A}]} = 25[\Omega]. \qquad \text{(PAMP. 24)}$$

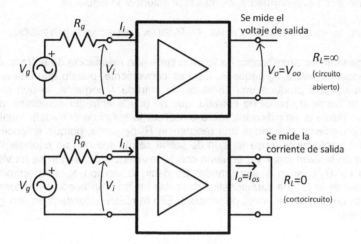

SIGNIFICADO: R_o es la resistencia que presenta el amplificador al circuito que se conecta a los bornes de salida. En un amplificador de tensión representa la resistencia de Thévenin equivalente entre los bornes de salida.

OBSERVAMOS:

En bornes de entrada, el amplificador se comporta como una resistencia R_i, mientras que en bornes de salida, obtenemos un voltaje de circuito abierto V_{oo}, que representaría el voltaje del equivalente Thévenin, mientras que R_o representaría la correspondiente resistencia Thévenin. Pero hay que tener en cuenta que V_{oo} depende de la entrada V_i, y dicha dependencia es simplemente el factor de multiplicación de la ganancia, en dicho caso de la Ganancia en Circuito Abierto A_{Vo}. De modo que $V_{oo} = A_{Vo} \cdot V_i$. Este razonamiento permite justificar el circuito equivalente usualmente establecido para un amplificador de tensión, que se representa en la siguiente figura:

Modelo equivalente del
Amplificador de Tensión

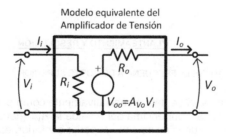

DEDUCIMOS:

Como $A_V = V_o/V_i$, y como $V_o \leq V_{oo}$ (la igualdad se da cuando no hay caída de tensión en R_o, es decir, cuando $I_o = 0$ debido a que $R_L = \infty$), entonces $A_{Vo} \geq A_V$ (se deja como ejercicio el verificarlo). Entonces, la ganancia del amplificador con carga R_L es siempre menor que su ganancia en circuito abierto. Esta es una manera de decir que el amplificador tiene pérdidas de ganancia, y dichas pérdidas son debidas a la resistencia interna R_o.

Con lo dicho anteriormente, es más fácil entender lo siguiente.

PROPIEDADES DE LAS RESISTENCIAS R_i Y R_o EN UN AMPLIFICADOR DE TENSIÓN.

En general, un amplificador de tensión tiene una resistencia de entrada R_i elevada y una resistencia de salida R_o pequeña. Esto es conveniente, puesto que una resistencia R_i grande a la entrada produce una corriente de entrada I_i pequeña, lo que generalmente favorece a la fuente de señal de entrada, que no puede entregar corrientes muy grandes (para eso se utiliza el amplificador, ¡para amplificar la señal de entrada!). Igualmente, a la salida, es conveniente que tenga una resistencia R_o pequeña, porque entonces la tensión de salida del amplificador (cuya tensión de salida se obtiene con un equivalente Thévenin –una fuente de tensión ideal V_{oo} en serie con la resistencia R_o, según se ha visto–) tendrá poca caída en R_o cuando I_o sea grande. Es decir, la tensión V_o será aproximadamente independiente de la I_o (una característica deseable en los amplificadores de tensión: que su salida sea la de una fuente ideal de tensión). Ello también redundará en una ganancia A_V similar a la A_{Vo}.

Este problema no requiere resumen.

Problema AMP. 2. Ancho de banda

El amplificador de audio del sistema de comunicaciones anterior tiene un ancho de banda de 20 [kHz]. Cuando se conecta a la fuente de entrada a través de un condensador de acoplo se obtiene una frecuencia de corte inferior $f_{CL} = 20$ [Hz]. Considerando que la ganancia de tensión de frecuencias intermedias A_{Vm} es igual a la ganancia calculada en el problema anterior:

a) Calcular el valor de la frecuencia de corte superior f_{CH}.

b) Calcular el valor de dicha ganancia a las frecuencias de corte inferior y superior. Interpretar los resultados.

PLANTEAMIENTO Y RESOLUCIÓN

a) ¿CÓMO SE OBTIENE LA FRECUENCIA DE CORTE SUPERIOR?

El ancho de banda B se define cualitativamente como el rango de frecuencias dentro del cual la ganancia A_V está por encima del 70% de la A_{Vm} (ganancia a frecuencias medias). Esto sucede entre las frecuencias de corte superior e inferior, es decir, $f_{CL} \leq f \leq f_{CH}$.

Como $B = f_{CH} - f_{CL}$, entonces:

$$f_{CH} = f_{CL} + B = 20\,[\text{Hz}] + 20000\,[\text{Hz}] = 20020\,[\text{Hz}].$$ (PAMP. 25)

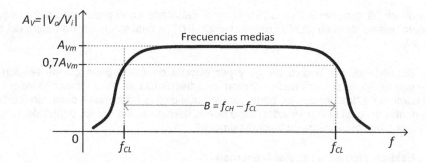

FIGURA AMP. 2. Diagrama de comportamiento en frecuencia de un amplificador de tensión con acoplo capacitivo.

Los amplificadores de audio (es decir, aquellos amplificadores que se utilizan para reproducir voz, música, etc.) suelen tener estos valores aproximados de ancho de banda y frecuencias de corte superior e inferior. Se diseñan con estas características puesto que el oído humano medio responde bien en un rango de sonidos que oscilan entre los 20 [Hz] y los 20000 [Hz]. De ahí la conveniencia de que el sistema amplifique correctamente en ese rango de frecuencias, puesto que amplificar a frecuencias menores o mayores no tendrá utilidad (el oído humano no podrá captar señales audibles fuera de ese rango)[26]. En sistemas que se utilizan para amplificar señales provenientes de la voz humana (megáfonos, por ejemplo), B se puede reducir aún más, puesto que las frecuencias de oscilación de la voz humana corresponden a un reducido espectro dentro del rango audible.

b)   GANANCIA DE TENSIÓN A LAS FRECUENCIAS DE CORTE SUPERIOR E INFERIOR.

Las frecuencias f_{CL} y f_{CH} se definen como aquellas a las cuales la ganancia cae a un valor $A_{Vm}/\sqrt{2} = 0{,}707A_{Vm}$, siendo A_{Vm} la ganancia (aproximadamente constante) de frecuencias medias (ver figura anterior)[27].

De modo que, tanto a f_{CL} como a f_{CH}, A_V tiene un valor:

$$A_V = \frac{A_{Vm}}{\sqrt{2}} = 0{,}707\,A_{Vm} = 0{,}707 \cdot 80 = 56{,}56, \qquad \text{(PAMP. 26)}$$

---

[26] Según se ha comentado anteriormente, en un amplificador de audio las señales eléctricas varían en el tiempo en concordancia con las señales sonoras que se desean amplificar.

[27] En realidad, el ancho de banda corresponde al rango dentro del cual la ganancia al cuadrado cae a la mitad, es decir, $(A_{Vm})^2/2$. Para entender el porqué, hay que recordar que, en corriente alterna, la potencia a través de una impedancia de resistencia R es $P = (I_{ef})^2 R$, o bien $P = (V_{ef})^2/R$. De este modo, la potencia de un dispositivo depende de la corriente al cuadrado o de la tensión al cuadrado. Bajo este concepto, indicar que la ganancia al cuadrado cae a la mitad es equivalente a decir que la ganancia en potencia cae a la mitad. En otras palabras, el ancho de banda se define, de alguna manera, como el rango dentro del cual la ganancia de potencia es mayor que la mitad del valor máximo.

en donde se ha considerado para A_{Vm} el valor calculado en el problema anterior (que se consideró que se medía a una frecuencia $f = 500$ [Hz], la cual se encuentra dentro del rango $f_{CL} \le f \le f_{CH}$).

SIGNIFICADO: por debajo de f_{CL} y por encima de f_{CH} la ganancia de tensión será menor que 56,56. Y se hará menor conforme la frecuencia se aleje de dichos valores. De ahí el nombre de "frecuencias de corte", puesto que dichas frecuencias delimitan (cortan) el rango dentro del cual el amplificador "tiene buena ganancia". De hecho, dentro del rango $f_{CL} \le f \le f_{CH}$, la ganancia alcanza su valor máximo: 80.

Este problema no requiere resumen.

Problema AMP. 3. Circuitos con operacionales (I)

En el circuito de la figura y suponiendo amplificadores operacionales ideales, si las tensiones V_1 y V_2 valen 1 [V] y 150 [mV], respectivamente, se pide:

a) Establecer la función que realiza cada uno de los amplificadores.

b) Valor de I_L.

c) Valor de V_2 (manteniendo los demás parámetros iguales) para el cual I_L es cero.

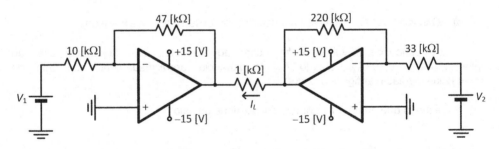

FIGURA AMP. 3.

PLANTEAMIENTO Y RESOLUCIÓN

a) DETERMINAMOS LA FUNCIÓN DE CADA AMPLIFICADOR (VER SIGUIENTE FIGURA).

En el AO_1: V_1 (tensión de entrada) está conectada a la entrada inversora, la entrada no inversora está conectada a masa y R_{21} es una resistencia de realimentación también conectada a la entrada inversora (realimentación negativa) $\Rightarrow AO_1$ está en configuración de Amplificador Inversor.

El mismo análisis se aplica para el AO_2 (se observa que ambos amplificadores tienen una disposición simétrica respecto de la resistencia R_L).

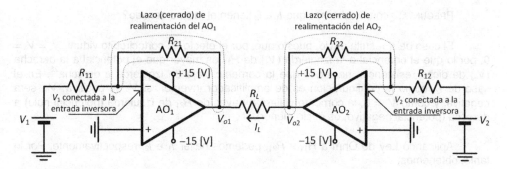

PREGUNTAMOS: ¿GUARDAN LA AMPLIFICACIÓN INVERSORA Y LA REALIMENTACIÓN NEGATIVA ALGUNA RELACIÓN ENTRE SÍ?

No. Amplificación Inversora se refiere a la relación entre la entrada y la salida. En este ejemplo: dado un voltaje de entrada V_i positivo, se obtendrá un voltaje de salida V_o que es de mayor amplitud (amplificación) y de signo contrario (inversión). La realimentación negativa se refiere a que al voltaje de entrada se resta una porción del voltaje de salida, como con los AOs de este ejemplo a través de las resistencias R_{21} para el AO$_1$ y R_{22} para el AO$_2$ (si a la entrada se sumase una porción del voltaje de salida, se hablaría de Realimentación Positiva, como veremos más adelante).

b) ¿CÓMO CALCULAMOS LA CORRIENTE I_L?

Hallando la diferencia de potencial $V_{o1}-V_{o2}$ en los extremos de R_L y aplicando la Ley de Ohm. Para ello, analizamos las configuraciones de cada operacional por separado. Observemos el A_{O1}:

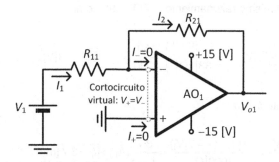

La resistencia R_{21} produce realimentación negativa, ya que conecta el terminal de salida V_o con el terminal inversor V_-. Dicha conexión de realimentación negativa a través de R_{21} hace que los potenciales de los terminales no inversor (+) e inversor (−) sean iguales, es decir, $V_+ = V_-$. Este efecto se denomina "cortocircuito virtual".

Como el AO no consume corriente a su entrada ($I_+ = I_- = 0$), entonces, aplicando la Ley de Kirchhoff de los nudos al terminal inversor (terminal −), tendremos:

$$I_1 - I_2 - I_- = 0 \Rightarrow I_1 = I_2. \qquad\qquad \text{(PAMP. 27)}$$

PREGUNTA: ¿cómo sabemos que I_1 e I_2 tienen el mismo sentido?

El caso de I_1 resulta obvio, puesto que, por el efecto de cortocircuito virtual, $V_+ = V_- = 0$, por lo que el potencial a la izquierda (V_1) de R_{11} es mayor que el potencial a la derecha (V_-) de dicha resistencia, haciendo que la corriente viaje de izquierda a derecha[28]. En el caso de I_2, como la configuración es de amplificador inversor, si V_1 es positiva, V_{o1} será negativa, y como $V_- = 0$, la corriente viajará a través de R_{21} de izquierda (potencial nulo) a derecha (potencial negativo, es decir, menor).

Aplicando Ley de Ohm a R_{11} y R_{21}, podemos hallar I_1 e I_2, respectivamente. Por lo tanto, obtenemos:

$$I_1 = I_2 \Rightarrow \frac{V_1 - V_-}{R_{11}} = \frac{V_- - V_{o1}}{R_{21}} \Rightarrow AV_{O1} = \text{Ganancia de AO}_1 = \frac{V_{o1}}{V_1} = -\frac{R_{21}}{R_{11}}, \qquad \text{(PAMP. 28)}$$

es decir:

El signo (–) indica: AO en config. inversora

$$V_{o1} = \text{Ganancia de AO}_1 \cdot V_1 = \left(-\frac{R_{21}}{R_{11}}\right)V_1 = \left(-\frac{47[k\Omega]}{10[k\Omega]}\right) \cdot 1\,[V] \Rightarrow \boxed{V_{o1} = -4,7[V]}. \qquad \text{(PAMP. 29)}$$

Observamos que $V_1 = 1$ [V] es positiva mientras que $V_{o1} = -4,7$ [V] es negativa, como corresponde a una configuración de amplificación inversora.

Aplicando el mismo razonamiento al AO_2, obtenemos:

$$V_{o2} = \left(-\frac{R_{22}}{R_{12}}\right)V_2 = \left(-\frac{220[k\Omega]}{33[k\Omega]}\right) \cdot \frac{150}{1000}[V] \Rightarrow \boxed{V_{o2} = -1[V]}, \qquad \text{(PAMP. 30)}$$

por tanto, la corriente I_L será:

$$I_L = \frac{V_{o2} - V_{o1}}{R_L} = \frac{-1[V] - (-4,7[V])}{1000[\Omega]} = \frac{3,7}{1000}[A] \Rightarrow \boxed{I_L = 3,7\,[mA]}. \qquad \text{(PAMP. 31)}$$

Como $V_{o2} > V_{o1}$, el sentido de I_L será de V_{o2} hacia V_{o1} (hacia la izquierda, ver figura anterior).

---

[28] Recordamos: en una resistencia, las corrientes siempre circulan desde potenciales mayores hacia potenciales menores, de modo análogo a como el agua de una cascada circula de alturas mayores hacia alturas menores.

c) ¿VALOR DE V_2 CUANDO $I_L=0$?

De las tres ecuaciones anteriores tenemos:

$$I_L = \frac{V_{o2}-V_{o1}}{R_L} = 0 \Rightarrow V_{o2}=V_{o1} \Rightarrow \left(-\frac{R_{22}}{R_{12}}\right)V_2 = \left(-\frac{R_{21}}{R_{11}}\right)V_1 \Rightarrow$$

$$\Rightarrow V_2 = \left(\frac{R_{12}}{R_{22}}\right)\left(\frac{R_{21}}{R_{11}}\right)V_1 = \left(\frac{33[k\Omega]}{220[k\Omega]}\right)\left(\frac{47[k\Omega]}{10[k\Omega]}\right)1[V] \Rightarrow \boxed{V_2 = 0,705[V]}.$$

(PAMP. 32)

Este problema no requiere resumen.

Problema AMP. 4. Circuitos con operacionales (II)

Dado el siguiente circuito compuesto por dos amplificadores operacionales (AO):

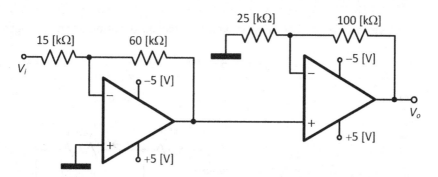

FIGURA AMP. 4.

a) Calcular la ganancia de tensión total V_o/V_i.

b) ¿Es posible simplificar el circuito anterior utilizando un solo AO y dos resistencias? Si es así, dibujar el circuito simplificado con una posible combinación de resistencias involucradas. En caso contrario, explicar por qué no es posible simplificar el circuito inicial utilizando un único AO.

c) Dada la tensión de entrada: $V_i(t) = 0,5$ sen$(2\pi t)$ [V], determinar la expresión de $V_o(t)$. Representar V_i y V_o sobre los mismos ejes (dibujar al menos dos ciclos de las señales).

PLANTEAMIENTO Y RESOLUCIÓN

a) DETERMINAMOS LA GANANCIA TOTAL DEL CIRCUITO.

MÉTODO I:

La configuración con el AO de la izquierda conforma un amplificador inversor:

$$A_{Vizq} = -R_{2izq} / R_{1izq} = -60[k\Omega]/15[k\Omega] = -4. \qquad \text{(PAMP. 33)}$$

La configuración con el AO de la derecha conforma un amplificador no inversor, porque la señal de entrada (que en este caso corresponde al voltaje de salida del AO de la izquierda) se aplica al terminal no inversor V_+, mientras que la entrada inversora está conectada a masa ($V_- = 0$). En este caso, es posible demostrar (aplicando un razonamiento análogo al del problema anterior para hallar la ecuación (PAMP. 28)) que la ganancia es:

$$A_{Vder} = 1 + R_{2der} / R_{1der} = 1 + 100[k\Omega]/25[k\Omega] = 1 + 4 = 5. \qquad \text{(PAMP. 34)}$$

Como ambos AO están en serie, la ganancia total es la multiplicación de ambas, por tanto:

$$A_V = A_{Vizq} \, A_{Vder} = (-4){\cdot}5 = -20. \qquad \text{(PAMP. 35)}$$

MÉTODO II:

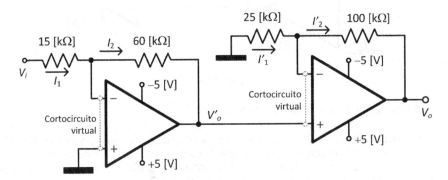

Como ambos AO tienen realimentación negativa, existirá cortocircuito virtual en ambas entradas; además, las corrientes de entrada de ambos casos son $I_- = I_+ = 0$ (recordamos que los AO poseen resistencia de entrada infinita). Analizando el circuito anterior, tendremos:

$$I_1 = I_2 \Rightarrow (V_i - 0)/15 \, [k\Omega] = (0 - V'_o)/60 \, [k\Omega] \Rightarrow V'_o = -4 \, V_i, \qquad \text{(PAMP. 36)}$$

$$I'_1 = I'_2 \Rightarrow (0 - V'_o)/15 \, [k\Omega] = (0 - V_o)/125 \, [k\Omega] \Rightarrow V_o = 5 \, V'_o.$$

De ambas ecuaciones deducimos que:

$$V_o = -20 \; V_i \Rightarrow A_V = V_o / V_i = -20. \hspace{2cm} \text{(PAMP. 37)}$$

b) ¿ES POSIBLE SIMPLIFICAR EL CIRCUITO?

Sí, con un circuito simple cuya ganancia sea $A_V = -R_2/R_1 = -20 \Rightarrow R_2 = 20 \; R_1$. Además, hay que tener en cuenta la resistencia de entrada del circuito inicial, que tiene que coincidir con la del circuito simplificado. La resistencia de entrada de un circuito se define aplicando la Ley de Ohm a sus parámetros de entrada: $R_i = V_i / I_i$. De la figura anterior (o de la ecuación PAMP.36) vemos que:

$$V_i = 15 \; [k\Omega] \cdot I_1 \Rightarrow R_i = V_i / I_i = V_i / I_1 = 15 \; [k\Omega]. \hspace{1.5cm} \text{(PAMP. 38)}$$

NOS PREGUNTAMOS: ¿no se había establecido que la resistencia de entrada de un AO es infinita?

El AO tiene resistencia diferencial de entrada infinita $R_d = \infty$, y ganancia infinita $A_d = \infty$. Pero el circuito completo (AO con resistencias de 15, 60, 25 y 100 kΩ) tiene unos valores distintos de resistencia de entrada y de ganancia. De hecho, estas resistencias externas son necesarias para obtener una configuración con la ganancia y resistencias de entrada y de salida deseadas.

Continuamos. Por lo anterior: $R_2 = 20 \cdot R_1 = 20 \cdot 15 \; [k\Omega] = 300 \; [k\Omega]$. De esta manera, la configuración simplificada resulta ser la que se observa en la siguiente figura.

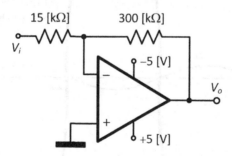

Con este circuito se cumplen las dos condiciones: $A_V = -300 \; [k\Omega] / 15 \; [k\Omega] = -20$ y también $R_i = 15 \; [k\Omega]$.

c) HALLAMOS LA EXPRESIÓN DE LA TENSIÓN DE SALIDA CUANDO $V_i(t) = 0{,}5 \; \text{sen}(2\pi t) \; [V]$.

Como hemos visto que $A_V = -20$, uno estaría tentado a escribir simplemente:

$$V_o = A_V \cdot V_i(t) = (-20) \; 0{,}5 \; \text{sen}(2\pi t) = -10 \; \text{sen}(2\pi t) \; [V], \hspace{1cm} \text{(PAMP. 39)}$$

pero hay que tener en cuenta que la salida de un AO está limitada al rango $-V_{CC} \le V_o \le +V_{CC}$. Este es el denominado usualmente Margen Dinámico de V_o. Para el circuito de este problema, $V_{CC} = 5$ [V], de modo que $-5 \le V_o \le +5$. La expresión correcta para V_o será:

$$V_o(t) = \begin{cases} -5 & \text{si} -20V_i < -5, \\ -10\,\text{sen}(2\pi t) & \text{si} -5 \le -20V_i \le +5, \\ +5 & \text{si} -20V_i > +5, \end{cases} \qquad \text{(PAMP. 40)}$$

es decir,

$$V_o(t) = \begin{cases} -5 & \text{si } V_i > 0,25, \\ -10\,\text{sen}(2\pi t) & \text{si} -0,25 \le V_i \le 0,25, \\ +5 & \text{si } V_i < -0,25. \end{cases} \qquad \text{(PAMP. 41)}$$

Representamos gráficamente $V_i(t)$ y $V_o(t)$:

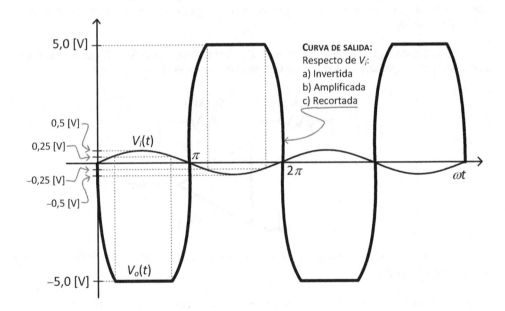

Resumen PAMP. 4.

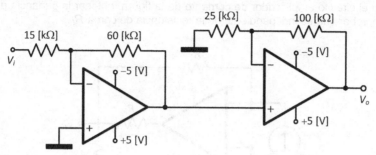

25 [kΩ]   100 [kΩ]

15 [kΩ]   60 [kΩ]

V_i

−5 [V]

−5 [V]

V_o

+5 [V]

+5 [V]

INCÓGNITAS:

Ganancia de tensión total V_o/V_i = ?

¿Es posible simplificar el circuito? ¿Cómo?

$V_i(t) = 0{,}5\,\text{sen}(2\pi t)$ [V] $\Rightarrow V_o(t)$ = ? Dibujar ambas.

a) GANANCIA TOTAL.

Como es una configuración de amplificador inversor en serie con un amplificador no inversor, la ganancia total es:

$$A_V = A_{Vizq}A_{Vder} = \left(-\frac{R_{2izq}}{R_{1izq}}\right)\left(1+\frac{R_{2der}}{R_{1der}}\right) = \left(-\frac{60[k\Omega]}{15[k\Omega]}\right)\left(1+\frac{100[k\Omega]}{25[k\Omega]}\right) = -20.$$

(PAMP. 33)
a
(PAMP. 35)

b) ES POSIBLE SIMPLIFICAR EL CIRCUITO CON UNA CONFIGURACIÓN DE AMPLIFICADOR INVERSOR, CON LA MISMA RESISTENCIA DE ENTRADA R$_i$ QUE LA DEL CIRCUITO DEL ENUNCIADO:

$$V_i = 15[k\Omega]I_i \Rightarrow R_i = \frac{V_i}{I_i} = 15[k\Omega],$$

(PAMP. 38)

$$|A_V| = \frac{R_2}{15[k\Omega]} = 20 \Rightarrow R_2 = 20\cdot 15[k\Omega] = 300[k\Omega].$$

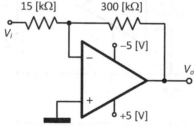

15 [kΩ]   300 [kΩ]

V_i

−5 [V]

V_o

+5 [V]

c) TENSIÓN DE SALIDA CUANDO LA TENSIÓN DE ENTRADA ES V$_i$(t) = 0,5 SEN(2πt) [V].

$$V_o(t) = \begin{cases} -5 & \text{si} -20V_i < -5 \\ -10\,\text{sen}(2\pi t) & \text{si} -5 \le -20V_i \le 5 \\ +5 & \text{si} -20V_i > +5 \end{cases} = \begin{cases} -5 & \text{si } V_i > 0{,}25 \\ -10\,\text{sen}(2\pi t) & \text{si} -0{,}25 \le V_i \le 0{,}25 \\ +5 & \text{si } V_i < -0{,}25. \end{cases}$$

(PAMP. 40)
(PAMP. 41)

Para la representación gráfica de V$_i$(t) y V$_o$(t), ver figura de la página anterior.

Problema AMP. 5. Circuitos con operacionales (III)

En el circuito amplificador de corriente de la figura, obtener la ganancia de corriente I_o/I_i y comprobar que es independiente de la resistencia de carga R_L.

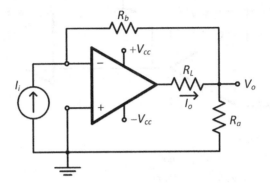

FIGURA AMP. 5.

PLANTEAMIENTO Y RESOLUCIÓN

OBTENEMOS LAS CORRIENTES I_i E I_o PARA LUEGO REALIZAR EL COCIENTE.

Consideramos dos características: que la corriente I_- e I_+ son nulas (en todos los AO ideales), y que, debido a la configuración de realimentación negativa, entre las entradas inversora y no inversora existe cortocircuito virtual, lo cual produce, en este caso, que el terminal no inversor esté a masa virtual, es decir, $V_n = V_m = 0$.

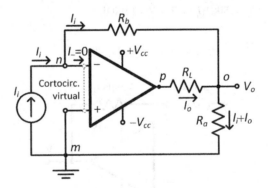

Como I_- es nula, la corriente que entrega la fuente se deriva completamente hacia la R_b. Además, como la señal de entrada se conecta a la entrada inversora, a la salida tendremos una $V_o<0$ (salida invertida). Así, la tensión en R_b será:

$$V_o - V_n = V_o = -I_i R_b. \qquad \text{(PAMP. 42)}$$

Según se observa en la figura anterior, por R_a circula la corriente $I_o + I_i$, (hacia abajo), por lo cual, la caída de tensión entre sus extremos, que es V_o, cumple la siguiente igualdad:

$$V_o - V_m = V_o = (I_o + I_i)R_a. \tag{PAMP. 43}$$

PREGUNTA: ¿no hay una inconsistencia de signo en esta última ecuación?

Observamos que I_i va hacia el nodo o a través de R_b, mientras que $I_o + I_i$ se aleja del nodo o. Los signos de las dos últimas ecuaciones son opuestos, así que las suposiciones son coherentes (recordando que, virtualmente, la masa y el terminal inversor representan el mismo punto).

El cociente entre ambas, es decir, la ganancia de corriente será, entonces:

$$-I_i R_b = V_o = (I_o + I_i)R_a = I_o R_a + I_i R_a \Rightarrow -I_i R_b - I_i R_a = I_o R_a \Rightarrow$$

$$\Rightarrow \boxed{\frac{I_o}{I_i} = -\left(\frac{R_a + R_b}{R_a}\right)}. \tag{PAMP. 44}$$

¿QUÉ SIGNIFICA ESTE RESULTADO? Que, para unos valores de R_a y R_b dados, cuando se inyecta por la entrada inversora una corriente I_i, por R_L circulará una corriente I_o igual a $-I_i (R_a + R_b)/R_a$, cuyo valor es independiente de R_L. Lo que sí puede suceder es que varíe $V_o - V_p$ si se varía R_L.

COMENTARIOS:

1) Como hay cortocircuito virtual entre los puntos n y m, la **resistencia de entrada** R_i de esta configuración de AO (la que "ve" la fuente I_i al conectarse) es **cero**.

2) Como I_o = constante (con I_i, R_a y R_b dados) para cualquier valor de R_L, este circuito se comporta como una fuente de tensión ideal, por lo cual la **resistencia de salida** R_o (entre p y o) es **infinita**.

Este problema no requiere resumen.

Problema AMP. 6. Circuitos con operacionales (IV)

Comprobar que, en el amplificador de instrumentación de la figura, se cumple que:

$$V_o = \left(1 + \frac{R_2}{R_1} + 2\frac{R_2}{R}\right)(V_2 - V_1).$$

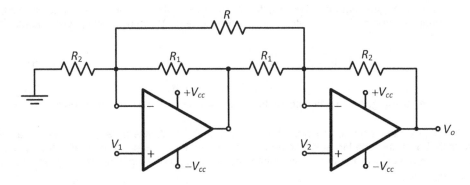

FIGURA AMP. 6.

PLANTEAMIENTO Y RESOLUCIÓN

ANALIZAMOS EL CIRCUITO: consideramos todas las corrientes dirigidas hacia la derecha, según se observa en la siguiente figura:

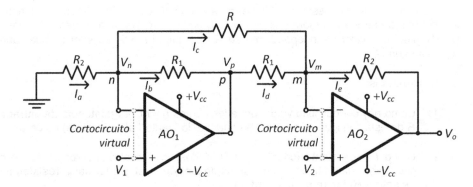

Como a las entradas de los AO existe cortocircuito virtual (ambos AO poseen realimentación negativa), entonces $V_n = V_1$ y $V_m = V_2$.

Hallamos las corrientes aplicando Ley de Ohm y luego aplicando Ley de Kirchhoff de los nudos a los puntos n y m.

$$I_a = \frac{-V_n}{R_2} = \frac{-V_1}{R_2}; \quad I_b = \frac{V_1 - V_p}{R_1}; \quad I_c = \frac{V_n - V_m}{R} = \frac{V_1 - V_2}{R};$$

$$I_d = \frac{V_p - V_m}{R_1} = \frac{V_p - V_2}{R_1}; \quad I_e = \frac{V_2 - V_o}{R_2}.$$

(PAMP. 45)

Nudo n:

$$I_a = I_b + I_c \Rightarrow -\frac{V_1}{R_2} = \frac{V_1 - V_p}{R_1} + \frac{V_1 - V_2}{R}.$$
(PAMP. 46)

Nudo m:

$$I_c + I_d = I_e \Rightarrow \frac{V_1 - V_2}{R} + \frac{V_p - V_2}{R_1} = \frac{V_2 - V_o}{R_2}.$$
(PAMP. 47)

Eliminamos V_p de estas dos últimas ecuaciones para obtener V_o:

$$\frac{V_p}{R_1} = V_1\left(\frac{1}{R} + \frac{1}{R_1} + \frac{1}{R_2}\right) - \frac{V_2}{R}; \quad \frac{V_p}{R_1} = V_2\left(\frac{1}{R} + \frac{1}{R_1} + \frac{1}{R_2}\right) - \frac{V_1}{R} - \frac{V_o}{R_2} \Rightarrow$$
(PAMP. 48)

$$\boxed{V_o = (V_2 - V_1)\left(1 + \frac{R_2}{R_1} + 2\frac{R_2}{R}\right).}$$

En concordancia con lo establecido en el enunciado.

Este problema no requiere resumen.

Problema AMP. 7. Circuitos con operacionales (V)

El circuito de la siguiente figura (izquierda) es un integrador inversor con amplificador operacional ideal, con $R = 5$ [kΩ] y $C = 1$ [μF]. Se pide:

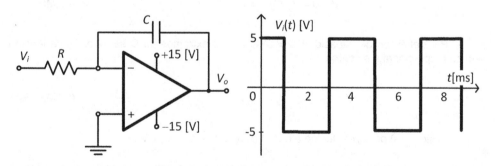

FIGURA AMP. 7.

a) Deducir la expresión de la tensión de salida V_o en función de V_i.

b) Dibujar la tensión de salida si a la entrada se aplica una señal como la de la figura *AMP.7* de la derecha. Suponer *C* inicialmente descargado ($Q_i = 0$ en $t_i = 0$).

<u>PLANTEAMIENTO Y RESOLUCIÓN</u>

a) DETERMINAMOS V_o EN FUNCIÓN DE V_i OBSERVANDO LA SIGUIENTE FIGURA:

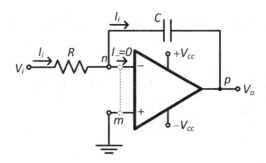

MÉTODO I:

Vemos que el nodo *n* está a masa (cortocircuito virtual). Además, en dicho nodo no hay derivación de corriente hacia el AO ($I_- = 0$), por tanto, la corriente I_i por *R* es la misma que la que circula por *C*. Supondremos I_i hacia la derecha, como se ha indicado en la figura anterior.

La tensión en los extremos de *R* se obtiene por Ley de Ohm:

$$V_i - V_n = V_i - 0 = V_i = I_i R \Rightarrow I_i = \frac{V_i}{R}. \qquad \text{(PAMP. 49)}$$

Por definición de capacidad $C = Q/V$, en los extremos de C se medirá una tensión que es proporcional a su carga:

$$V = \frac{Q}{C} = V_n - V_o = -V_o. \qquad \text{(PAMP. 50)}$$

El signo (–) de V_o es debido a que: $V_i > 0 \Rightarrow V_o < 0 \Rightarrow V_n > V_o$.

Si por *C* circula la corriente $I_i(t)$, no necesariamente constante en el tiempo, el valor de *Q*, y por lo tanto de V_o, variará. Supongamos que en un instante inicial t_i el condensador tiene una carga inicial Q_i. Si hacemos transcurrir un pequeño intervalo de tiempo, llamémoslo *dt*, entonces, entre t_i y $t_i + dt$, $I_i(t) = I_i(t_i)$ puede considerarse temporalmente constante, y *C* ganará entonces una pequeña carga $dQ(t_i) = I_i(t_i) \cdot dt$. En el intervalo posterior, con *t* entre $t_i + dt$ y $t_i + 2dt$, I_i podrá tener otro valor, $I_i(t_i + dt)$, que podrá considerarse constante en ese intervalo, y *C* ganará otra porción de carga $dQ_2(t_i + dt) = I_i(t_i + dt) \cdot dt$, y así sucesivamente hasta llegar al instante final t_F. La suma de todas estas pequeñas contribuciones dQ es la integral $\int dQ$ o, lo que es lo mismo, la integral de $I_i(t) \cdot dt$ con t evaluado entre t_I y t_F:

Carga final = Carga inicial + Suma de contribuciones de carga debidas a $I_i(t) \Rightarrow$

$$\Rightarrow Q_F = Q_I + \left[\overbrace{dQ(t_I)}^{\substack{\text{Carga ganada} \\ \text{entre } t_I \text{ y } t_I + dt}} + \overbrace{dQ(t_I + dt)}^{\substack{\text{Carga ganada} \\ \text{entre } t_I + dt \text{ y } t_I + 2dt}} + \overbrace{dQ(t_I + 2dt)}^{\substack{\text{Carga ganada} \\ \text{entre } t_I + 2dt \text{ y } t_I + 3dt}} + ... + \overbrace{dQ(t_F)}^{\substack{\text{Carga ganada} \\ \text{en el último intervalo}}} \right] \Rightarrow$$

(PAMP. 51)

$$\Rightarrow Q_F = Q_I + \left[\overbrace{I_i(t_I) \cdot dt}^{dQ(t_I)} + \overbrace{I_i(t_I + dt) \cdot dt}^{dQ(t_I + dt)} + \overbrace{I_i(t_I + 2dt) \cdot dt}^{dQ(t_I + 2dt)} + ... + \overbrace{I_i(t_F) \cdot dt}^{dQ(t_F)} \right] \Rightarrow$$

$$\Rightarrow Q_F = Q_I + \int_{t_I}^{t_F} I_i(t)\,dt.$$

Dividiendo ambos miembros de la última ecuación por C, tendremos los voltajes inicial $-V_{oI}$ y final $-V_{oF}$ (los signos negativos se explican con la ecuación (PAMP. 50)) en los extremos del condensador antes y después de haber pasado por él la corriente $I_i(t)$:

$$\frac{Q_F}{C} = \frac{Q_I}{C} + \frac{\int_{t_I}^{t_F} I_i(t)\,dt}{C} \Rightarrow -V_{oF} = -V_{oI} + \frac{1}{C}\int_{t_I}^{t_F} I_i(t)\,dt \Rightarrow V_{oF} = V_{oI} - \frac{1}{C}\int_{t_I}^{t_F} I_i(t)\,dt. \qquad \text{(PAMP. 52)}$$

Pero $I_i(t) = V_i(t)/R$, es decir:

$$\boxed{V_{oF} = V_{oI} - \frac{1}{RC}\int_{t_I}^{t_F} V_i(t)\,dt}, \qquad \text{(PAMP. 53)}$$

que es la expresión requerida en el enunciado.

¿QUÉ SIGNIFICA ESTA EXPRESIÓN?

Vemos que, para unos valores de R y C dados, la tensión de salida V_{oF}, en un instante final t_F, depende tanto de su valor en el instante inicial t_I (que es V_{oI}) como del valor negativo de la integral de la tensión de entrada entre los instantes t_I y t_F, es por eso que la configuración de la FIGURA AMP. 7 se denomina Amplificador Integrador Inversor.

MÉTODO II:

Procedamos con una metodología más matemática, breve, aunque menos intuitiva. La corriente I_i que circula por el condensador es la variación de la carga de dicho condensador respecto del tiempo (derivada de la carga respecto del tiempo).

$$I_i(t) = \frac{dq(t)}{dt}. \qquad \text{(PAMP. 54)}$$

De la definición de capacidad, podemos deducir el voltaje del condensador, que es la tensión $-V_o$, en función de su carga:

$$C = \frac{q(t)}{V_C(t)} = \frac{q(t)}{-V_o(t)} \Rightarrow q(t) = -CV_o(t), \qquad \text{(PAMP. 55)}$$

es decir,

$$I_i(t) = \frac{dq(t)}{dt} = -C\frac{dV_o(t)}{dt}. \qquad \text{(PAMP. 56)}$$

Pero esa es la corriente que circula por R, por lo cual podemos escribir, aplicando la Ley de Ohm:

$$I_i(t) = \frac{V_i(t)}{R} = -C\frac{dV_o(t)}{dt} \Rightarrow dV_o(t) = -\frac{1}{RC}V_i(t)\,dt. \qquad \text{(PAMP. 57)}$$

Integrando ambos miembros, obtenemos finalmente la ecuación buscada:

$$\int_{V_{oI}}^{V_{oF}} dV_o(t) = -\frac{1}{RC}\int_{t_I}^{t_F} V_i(t)\,dt \Rightarrow \boxed{V_{oF} = V_{oI} - \frac{1}{RC}\int_{t_I}^{t_F} V_i(t)\,dt}. \qquad \text{(PAMP. 58)}$$

Vemos que con el procedimiento anterior (MÉTODO I) hemos indicado cómo obtener la integral definida utilizando el concepto de carga del condensador.

b) OBTENEMOS LA TENSIÓN DE SALIDA CUANDO LA TENSIÓN DE ENTRADA SIGUE UN PATRÓN DE ONDA CUADRADA, COMO EN LA FIGURA AMP. 7 INFERIOR:

Sabemos que la integral de una constante es una función lineal ($\int k\cdot dt = k\cdot\int dt = k\cdot t+c$), así que deducimos que en los tramos V_i = constante de la onda cuadrada de entrada, la tensión de salida V_o será ascendente o descendente a lo largo de segmentos de líneas rectas (V_o será lineal por tramos).

Sabiendo que V_o será lineal por tramos, aplicamos la (PAMP. 53) para encontrar los valores V_{oI} y V_{oF} en los extremos t_I y t_F, respectivamente, de dichos tramos.

TRAMO A:

$t_I = 0$, $t_F = 1$ [ms], $Q_I = 0$ [C] $\Rightarrow V_{oI} = Q_I/C = 0$ [V], $RC = 5000$ [Ω]$\cdot 10^{-6}$ [F] = 5/1000 [s] = 5 [ms], $V_i(t)$ = constante = 5 [V],

$$V_{oF} = V_{ol} - \frac{1}{RC} \int_{t_i}^{t_F} V_i(t)\, dt = 0 - \frac{1000}{5\,[s]} \int_{0[s]}^{10^{-3}[s]} 5\,[V]\, dt = -1000 \left(t \big|_0^{10^{-3}} \right) =$$

$$= -1000 [\frac{V}{s}] \left(\frac{1}{1000}\,[s] - 0 \right) \Rightarrow \boxed{V_{oF} = V_o \big|_{t=1[ms]} = -1\,[V]},$$

(PAMP. 59)

es decir, V_o parte de 0 [V] en $t_i = 0$ [ms] y llega a –1 [V] en $t_F = 1$ [ms].

TRAMO B:

$t_i = 1$ [ms], $t_F = 3$ [ms], $V_{ol} = -1$ [V], $RC = 5$ [ms], $V_i(t) = -5$ [V],

$$V_{oF} = V_{ol} - \frac{1}{RC} \int_{t_i}^{t_F} V_i(t)\, dt = -1 - \frac{1000}{5} \int_{10^{-3}}^{3 \cdot 10^{-3}} (-5)\, dt = -1 + 1000 \left(t \big|_{10^{-3}}^{3 \cdot 10^{-3}} \right) =$$

$$= -1 + 1000 [\frac{V}{s}] \left(\frac{3}{1000}\,[s] - \frac{1}{1000}\,[s] \right) \Rightarrow \boxed{V_o \big|_{t=3[ms]} = 1\,[V]}.$$

(PAMP. 60)

Por lo tanto, V_o parte de –1 [V] en $t_i = 1$ [ms] y llega a 1 [V] en $t_F = 3$ [ms].

TRAMO C:

$t_i = 3$ [ms], $t_F = 5$ [ms], $V_{ol} = 1$ [V], $RC = 5$ [ms], $V_i(t) = 5$ [V],

$$V_{oF} = 1 - \frac{1000}{5} \int_{3 \cdot 10^{-3}}^{5 \cdot 10^{-3}} (5)\, dt = 1 - 1000 \left(t \big|_{3 \cdot 10^{-3}}^{5 \cdot 10^{-3}} \right) \Rightarrow \boxed{V_o \big|_{t=5[ms]} = -1\,[V]}.$$

(PAMP. 61)

TRAMO D:

$t_i = 5$ [ms], $t_F = 7$ [ms], $V_{ol} = -1$ [V], $RC = 5$ [ms], $V_i(t) = -5$ [V],

$$V_{oF} = -1 - \frac{1000}{5} \int_{5 \cdot 10^{-3}}^{7 \cdot 10^{-3}} (-5)\, dt \Rightarrow \boxed{V_o \big|_{t=7[ms]} = 1\,[V]}.$$

(PAMP. 62)

TRAMO E:

$t_i = 7$ [ms], $t_F = 9$ [ms], $V_{ol} = 1$ [V], $RC = 5$ [ms], $V_i(t) = 5$ [V],

$$V_{oF} = 1 - \frac{1000}{5} \int_{7 \cdot 10^{-3}}^{9 \cdot 10^{-3}} (5)\, dt \Rightarrow \boxed{V_o \big|_{t=7[ms]} = -1\,[V]}.$$

(PAMP. 63)

TRAMO F:

$t_i = 9$ [ms], $t_F = 10$ [ms], $V_{ol} = -1$ [V], $RC = 5$ [ms], $V_i(t) = -5$ [V],

$$V_{oF} = -1 - \frac{1000}{5} \int_{9 \cdot 10^{-3}}^{10 \cdot 10^{-3}} (-5)\, dt \Rightarrow \boxed{\left. V_o \right|_{t=7[ms]} = 0\,[V]}.$$

(PAMP. 64)

La forma de onda de V_o obtenida, oscilando linealmente entre –1 [V] y 1 [V], tiene una forma particular denominada Onda Triangular (ver siguiente figura).

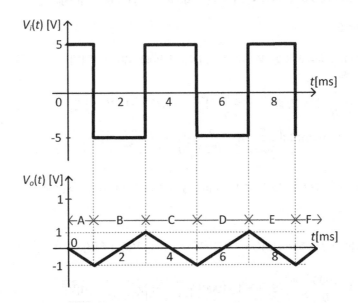

Resumen PAMP. 7.

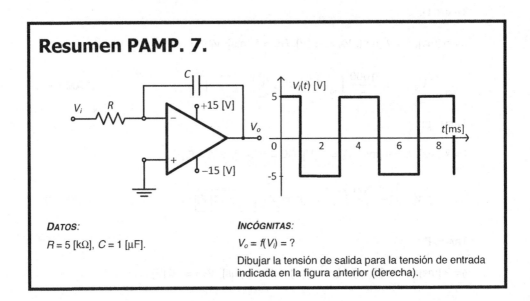

DATOS:

$R = 5$ [kΩ], $C = 1$ [μF].

INCÓGNITAS:

$V_o = f(V_i) = ?$

Dibujar la tensión de salida para la tensión de entrada indicada en la figura anterior (derecha).

a) $V_o = f(V_i) = ?$

$$I_i(t) = \frac{dq(t)}{dt} = -C\frac{dV_o(t)}{dt} \Rightarrow dV_o(t) = -\frac{1}{RC}V_i(t)\,dt,$$

(PAMP. 54)
a
(PAMP. 57)

$$\int_{V_{oi}}^{V_{oF}} dV_o(t) = -\frac{1}{RC}\int_{t_i}^{t_F} V_i(t)\,dt \Rightarrow \boxed{V_{oF} = V_{oI} - \frac{1}{RC}\int_{t_i}^{t_F} V_i(t)\,dt}.$$

(PAMP. 58)

b) SEPARAMOS EL ANÁLISIS POR TRAMOS:

Tramo A:

$t_I = 0$, $t_F = 1$ [ms], $Q_I = 0$ [C] $\Rightarrow V_{oI} = Q_I/C = 0$ [V], $RC = 5000$ [Ω]$\cdot 10^{-6}$ [F] $= 5$ [ms], $V_i(t) =$ constante $= 5$ [V],

$$V_{oF} = V_{oI} - \frac{1}{RC}\int_{t_i}^{t_F} V_i(t)\,dt = 0 - \frac{1000}{5[s]}\int_{0[s]}^{10^{-3}[s]} 5[V]\,dt = -1000\left(t\Big|_0^{10^{-3}}\right) =$$

$$= -1000[\frac{V}{s}]\left(\frac{1}{1000}[s] - 0\right) \Rightarrow \boxed{V_{oF} = V_o\big|_{t=1[ms]} = -1[V]},$$

(PAMP. 59)

Tramo B:

$t_I = 1$ [ms], $t_F = 3$ [ms], $V_{oI} = -1$ [V], $RC = 5$ [ms], $V_i(t) =$ constante $= -5$ [V],

$$V_{oF} = V_{oI} - \frac{1}{RC}\int_{t_i}^{t_F} V_i(t)\,dt = -1 - \frac{1000}{5}\int_{10^{-3}}^{3\cdot10^{-3}} (-5)\,dt = -1 + 1000\left(t\Big|_{10^{-3}}^{3\cdot10^{-3}}\right) =$$

$$= -1 + 1000[\frac{V}{s}]\left(\frac{3}{1000}[s] - \frac{1}{1000}[s]\right) \Rightarrow \boxed{V_o\big|_{t=3[ms]} = 1[V]}.$$

(PAMP. 60)

Los demás tramos siguen la misma pauta.

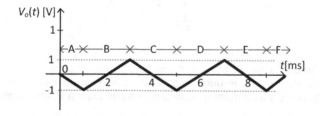

Problema AMP. 8. Circuitos con operacionales (V)

El circuito de la siguiente figura es un diferenciador inversor con amplificador operacional ideal, con $R = 5$ [kΩ] y $C = 1$ [μF]. Se pide deducir la expresión de la tensión de salida V_o en función de V_i.

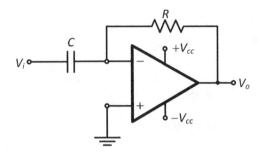

FIGURA AMP. 8.

PLANTEAMIENTO Y RESOLUCIÓN

DETERMINAMOS V_o EN FUNCIÓN DE V_i OBSERVANDO LA SIGUIENTE FIGURA, ANÁLOGA A LA DEL PROBLEMA ANTERIOR (SIMPLEMENTE, LOS DISPOSITIVOS R Y C HAN SIDO INTERCAMBIADOS):

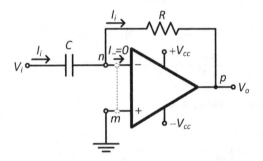

Del problema anterior sabemos que la corriente I_i por R es la misma que la que circula por C. Como la corriente I_i circula hacia la derecha, entonces el punto n tiene mayor potencial que el punto p, pero el punto n está conectado virtualmente a masa, por lo tanto V_o debe ser negativa. De esta manera, aplicando Ley de Ohm a R, obtenemos:

$$V_o = -I_i R. \tag{PAMP. 65}$$

Como $C = Q/V$, siendo Q la carga del condensador de capacidad C y V, el voltaje en sus extremos, que resulta ser V_i, tendremos que $Q = CV_i$. Además, por definición, la corriente es la derivada de la carga respecto del tiempo: $i(t) = dQ/dt$, es decir, la corriente a través del condensador, que es la misma que circula por R es:

$$I_i = \frac{dQ}{dt} = \frac{d(CV_i)}{dt} = C\frac{dV_i}{dt}. \tag{PAMP. 66}$$

Reemplazando (PAMP. 66) en (PAMP. 65), obtenemos:

$$V_o = -RC\frac{dV_i}{dt}. \qquad\qquad\text{(PAMP. 67)}$$

Este resultado explica claramente el nombre de diferenciador: el voltaje de salida es proporcional (siendo $R\cdot C$ la constante de proporcionalidad) a la derivada (es decir al diferencial) del voltaje de entrada.

Este problema no requiere resumen.

Problema AMP. 9. Amplificador diferencial

Dado el siguiente circuito amplificador:

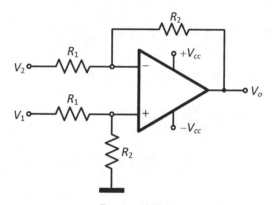

FIGURA AMP. 9.

Obtener la expresión de la tensión de salida V_o en función de las tensiones de entrada y de las resistencias involucradas en el circuito. Hallar las resistencias de entrada y de salida del circuito.

PLANTEAMIENTO Y RESOLUCIÓN

a) DETERMINAMOS LA TENSIÓN DE SALIDA V_O EN FUNCIÓN DE LAS TENSIONES DE ENTRADA V_1 Y V_2:

Observamos inicialmente el borne no inversor V_+ (ver siguiente figura). Como el AO no consume corriente de entrada, $I_+ = 0$, entonces las resistencias R_{1+} y R_{2+} conectadas a dicho borne conforman un divisor de tensión de V_1. Por lo tanto:

$$V_+ = I_1 R_{2+} = \frac{V_1}{R_{1+} + R_{2+}} R_{2+} \Rightarrow V_+ = \frac{V_1}{R_1 + R_2} R_2. \qquad\qquad\text{(PAMP. 68)}$$

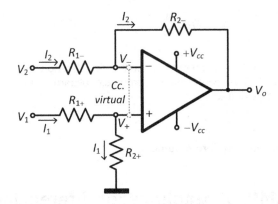

Por otra parte, aplicando Ley de Ohm a R_{1-}, y teniendo en cuenta que I_1 circula tanto por R_{1-} como por R_{2-} (debido a que $L = 0$), obtenemos:

$$V_2 - V_- = I_2 R_{1-} \Rightarrow V_- = V_2 - I_2 R_{1-}. \qquad \text{(PAMP. 69)}$$

Aplicando Ley de Ohm a la serie $R_{1-}+R_{2-}$, tenemos:

$$I_2 = \frac{V_2 - V_o}{R_{1-} + R_{2-}} = \frac{V_2 - V_o}{R_1 + R_2}, \qquad \text{(PAMP. 70)}$$

la cual, luego de reemplazada en (PAMP. 69), permite obtener la V_-:

$$V_- = V_2 - \left(\frac{V_2 - V_o}{R_1 + R_2}\right) R_1 \Rightarrow V_- = V_2 - \frac{V_2 R_1}{R_1 + R_2} + \frac{V_o R_1}{R_1 + R_2} \Rightarrow$$

$$\Rightarrow V_- = \left(1 - \frac{R_1}{R_1 + R_2}\right) V_2 + \frac{V_o R_1}{R_1 + R_2} \Rightarrow V_- = \left(\frac{R_1 + R_2 - R_1}{R_1 + R_2}\right) V_2 + \frac{V_o R_1}{R_1 + R_2} \Rightarrow \qquad \text{(PAMP. 71)}$$

$$V_- = \frac{V_2 R_2 + V_o R_1}{R_1 + R_2}.$$

Por haber cortocircuito virtual, V_+ y V_- son iguales, es decir:

$$\frac{V_1}{R_1 + R_2} R_2 = \frac{V_2 R_2 + V_o R_1}{R_1 + R_2} \Rightarrow V_1 R_2 = V_2 R_2 + V_o R_1 \Rightarrow V_o R_1 = V_1 R_2 - V_2 R_2 \Rightarrow$$

$$\Rightarrow \boxed{V_o = \frac{R_2}{R_1}(V_1 - V_2)}. \qquad \text{(PAMP. 72)}$$

Se observa que la tensión de salida es proporcional a la diferencia entre las tensiones de entrada. Esa es la justificación del nombre "Amplificador Restador" o "Amplificador Diferencial".

La resistencia de entrada es aquella resistencia "vista" desde los terminales de entrada; en este caso, desde cada uno de los terminales y masa, manteniendo los otros terminales a 0 voltios, o bien entre los terminales V_1 y V_2, manteniendo V_o a 0 voltios.

La definición genérica de resistencia de entrada con la que hay que trabajar es:

$$R_{entrada} = V_{entrada} / I_{entrada}.$$
(PAMP. 73)

Para el caso de la resistencia de entrada entre V_1 y masa, manteniendo $V_2 = V_o = 0$, la solución resulta sencilla: como $I_+ = 0$, tendremos simplemente la resistencia equivalente de la serie entre R_{1+} y R_{2+}. Lo comprobamos con la ayuda de la siguiente figura:

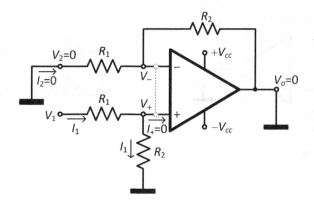

$$I_1 = \frac{V_1}{R_{1+} + R_{2+}} \Rightarrow R_{i1}\big|_{V_2=0} = \frac{V_1}{I_1} = R_1 + R_2 \Rightarrow R_{i1} = R_1 + R_2.$$
(PAMP. 74)

La resistencia entre el terminal V_2 y masa, manteniendo $V_1 = 0$, es también un problema sencillo. En este caso, $V_1 = V_+ = 0 = V_-$, por lo tanto, de acuerdo a la siguiente figura, tendremos

$$I_2 = \frac{V_2}{R_{1-}} \Rightarrow R_{i2}\big|_{V_1=0} = \frac{V_2}{I_2} = R_1 \Rightarrow R_{i2} = R_1.$$
(PAMP. 75)

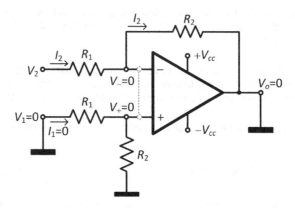

Para hallar la resistencia de entrada entre los terminales V_1 y V_2 hay que tener en cuenta que $V_o = 0$ (masa), entonces, según se observa en la siguiente figura, $I_2 = -I_1$.

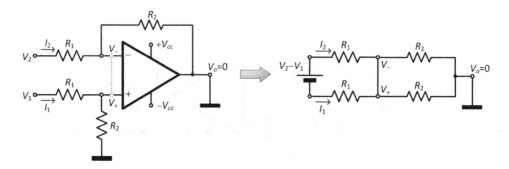

Por lo tanto:

$$I_2 = -I_1 = \frac{V_2 - V_1}{R_{1-} + R_{1+}} \Rightarrow R_{id} = \frac{V_2 - V_1}{I_2} = R_{1-} + R_{1+} \Rightarrow R_{id} = 2R_1.$$ (PAMP. 76)

Hemos establecido el subíndice *id* para indicar que nos referimos a la resistencia de entrada (*input*) del amplificador restador (*difference*).

Finalmente, la resistencia de salida vista desde el terminal V_o y masa es simplemente la resistencia de salida del amplificador operacional, es decir:

$$R_o = 0.$$ (PAMP. 77)

Justifiquemos más claramente este resultado. Análogamente a lo establecido en el problema AMP.1 para el circuito equivalente de un amplificador de tensión, podemos hallar fácilmente el circuito equivalente del AO (obviando los terminales de conexión a $\pm V_{cc}$). Lo representamos a continuación (V_{oo} representa el voltaje de salida en circuito abierto):

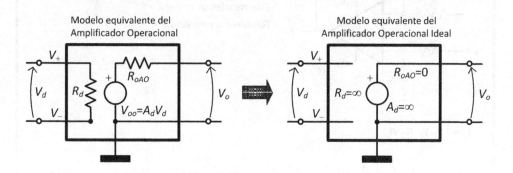

Para hallar la resistencia de salida del amplificador diferencial (es decir, de la configuración presentada en este problema), reemplazamos el AO por su circuito equivalente y cortocircuitamos las fuentes de tensión de entrada involucradas. Obtenemos entonces el siguiente circuito (obviando nuevamente los terminales $\pm V_{cc}$):

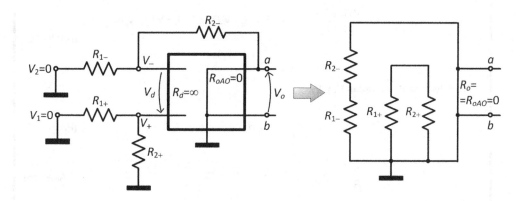

Como el paralelo de una resistencia nula con cualquier otra configuración de resistencias es igual a una resistencia equivalente nula (el lector no convencido puede comprobarlo calculando explícitamente dicha resistencia equivalente), obtenemos el resultado antes citado.

Resumen PAMP. 9.

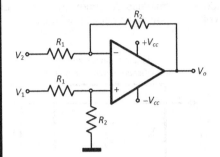

INCÓGNITAS:

$V_o = f(V_1, V_2, R_1, R_2) = ?$

Resistencias de entrada = ?

Resistencia de salida = ?

$V_o = f(V_1, V_2, R_1, R_2)$

$$V_- = V_2 - \left(\frac{V_2 - V_o}{R_1 + R_2}\right)R_1 \Rightarrow V_- = V_2 - \frac{V_2 R_1}{R_1 + R_2} + \frac{V_o R_1}{R_1 + R_2} \Rightarrow$$

$$\Rightarrow V_- = \left(1 - \frac{R_1}{R_1 + R_2}\right)V_2 + \frac{V_o R_1}{R_1 + R_2} \Rightarrow V_- = \left(\frac{R_1 + R_2 - R_1}{R_1 + R_2}\right)V_2 + \frac{V_o R_1}{R_1 + R_2} \Rightarrow$$ (PAMP. 71)

$$V_- = \frac{V_2 R_2 + V_o R_1}{R_1 + R_2}.$$

$$\frac{V_1}{R_1 + R_2}R_2 = \frac{V_2 R_2 + V_o R_1}{R_1 + R_2} \Rightarrow V_1 R_2 = V_2 R_2 + V_o R_1 \Rightarrow V_o R_1 = V_1 R_2 - V_2 R_2 \Rightarrow$$

(PAMP. 72)

$$\Rightarrow \boxed{V_o = \frac{R_2}{R_1}(V_1 - V_2)}.$$

Resistencias de entradas V_1 y V_2:

$$I_1 = \frac{V_1}{R_{1+} + R_{2+}} \Rightarrow \left. R_{i1}\right|_{V_2=0} = \frac{V_1}{I_1} = R_1 + R_2 \Rightarrow R_{i1} = R_1 + R_2,$$ (PAMP. 74)

$$I_2 = \frac{V_2}{R_{1-}} \Rightarrow \left. R_{i2}\right|_{V_1=0} = \frac{V_2}{I_2} = R_1 \Rightarrow R_{i2} = R_1.$$ (PAMP. 75)

Resistencia de entrada diferencial:

$$I_2 = -I_1 = \frac{V_2 - V_1}{R_{1-} + R_{1+}} \Rightarrow R_{id} = \frac{V_2 - V_1}{I_2} = R_{1-} + R_{1+} \Rightarrow R_{id} = 2R_1.$$ (PAMP. 76)

Resistencia de salida: es la resistencia del amplificador operacional, es decir:

$$R_o = 0.$$ (PAMP. 77)

Problema AMP. 10. Comparadores con histéresis

Obtener y dibujar la característica de transferencia de los siguientes circuitos:

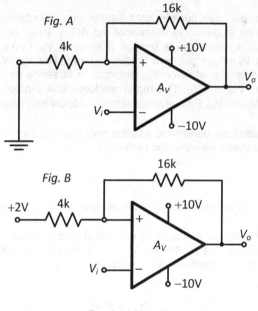

FIGURA AMP. 10.

PLANTEAMIENTO Y RESOLUCIÓN

a) ANALIZAMOS EL CIRCUITO DE LA FIG. A:

La tensión de entrada V_{iA} está conectada a la entrada inversora del AO_A: configuración de inversor.

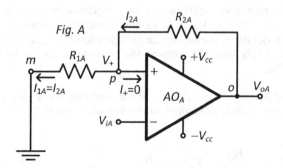

La salida V_{oA} se reinyecta a la entrada **no inversora** a través de R_{2A}: conexión de realimentación positiva. Dicha realimentación positiva indica lo siguiente: que la salida V_{oA} **se suma** al voltaje de la entrada inversora V_+, lo cual produce una **rápida saturación** del AO_A: su tensión de salida alcanza rápidamente los valores $+V_{cc}$ o $-V_{cc}$.

Para entender por qué sucede esta saturación, recordamos que $V_{oA} = A_d V_d = A_d(V_+ - V_{iA})$, donde A_d es la ganancia diferencial del AO, y V_d es la tensión diferencial: la tensión de salida V_{oA} depende de la tensión diferencial V_d. Como $A_d = \infty$ en un AO, entonces una tensión V_d mayor que cero produciría una salida V_{oA} infinita, pero como esta tensión no puede sobrepasar el valor V_{cc}, entonces a la salida se obtiene precisamente dicho valor, es decir, $V_{oA} = +V_{cc}$. Del modo análogo, una tensión V_d menor que cero producirá una salida $V_{oA} = -V_{cc}$. Este razonamiento lo utilizaremos posteriormente.

Esta configuración se denomina, usualmente, Comparador (o Disparador) Schmitt Inversor, o bien Comparador Inversor con Histéresis.

INICIAMOS EL ANÁLISIS.

¿Cuáles son los valores máximo y mínimo que puede alcanzar V_+?

V_+ no es igual a V_{iA}, ya que este es un caso de realimentación positiva, y por tanto no hay cortocircuito virtual. De modo que V_+ se obtiene considerando la rama *o-p-m*: es decir, el divisor de tensión formado por las resistencias R_{1A} y R_{2A}:

$$V_+ = I_{2A}R_{1A} = I_{1A}R_{1A} = \left(\frac{V_{oA}}{R_{1A} + R_{2A}}\right)R_{1A} \Rightarrow V_+ = \left(\frac{R_{1A}}{R_{1A} + R_{2A}}\right)V_{oA}. \qquad \text{(PAMP. 78)}$$

Como $-V_{cc} \leq V_{oA} \leq V_{cc}$, entonces:

$$-\left(\frac{R_{1A}}{R_{1A} + R_{2A}}\right)V_{cc} \leq V_+ \leq \left(\frac{R_{1A}}{R_{1A} + R_{2A}}\right)V_{cc}, \qquad \text{(PAMP. 79)}$$

y, por tanto, el valor de V_+ está acotado entre estos dos valores.

Si consideramos $V_{iA} \ll 0$ (valores muy negativos de V_{iA}, tendiendo a menos infinito), entonces $V_d = (V_+ - V_{iA}) \approx -V_{iA} \gg 0$, ya que, comparativamente, el módulo de V_{iA} es muy grande respecto del de V_+ dentro del rango indicado en la ecuación (PAMP. 79). Por dicha razón, $V_{oA} = V_{cc}$ (AO_A saturado, tensión V_{oA} positiva porque $V_d \gg 0$), lo que implica $V_+ = R_{1A}V_{cc} / (R_{1A} + R_{2A})$.

Según el comportamiento de los AO, si aumentamos V_{iA} (lo acercamos a cero desde valores negativos), el AO_A continuará saturado hasta cuando V_d sea igual a 0, o sea:

$$V_+ - V_{iA} = 0 \Rightarrow \left(\frac{R_{1A}}{R_{1A} + R_{2A}}\right)V_{cc} - V_{iA} = 0 \Rightarrow V_{iA} = \left(\frac{R_{1A}}{R_{1A} + R_{2A}}\right)V_{cc} = V_{HAsup}. \qquad \text{(PAMP. 80)}$$

Podemos llamar a V_{HAsup} tensión de histéresis superior del AO_A.

Con $V_d = 0 \rightarrow V_{iA} = V_{HAsup} \Rightarrow -V_{cc} < V_{oA} < V_{cc}$. En palabras: cuando la tensión diferencial es nula, lo cual se obtiene cuando la tensión de entrada es igual a la de histéresis superior, la tensión de salida puede encontrarse entre los valores de tensión de saturación.

PREGUNTAMOS: ¿por qué cuando $V_d = 0$ la tensión de salida está acotada entre los valores de tensiones de alimentación, es decir, $-V_{cc} < V_{oA} < V_{cc}$?

Hemos dicho que la ganancia diferencial de un AO es infinita, por lo tanto:

$$A_d = \frac{V_{oA}}{V_d} \Rightarrow V_{oA} = A_d V_d = \infty \cdot 0 = \text{valor indefinido.} \qquad \text{(PAMP. 81)}$$

Pero como hemos visto que, para $V_d \neq 0$, la tensión de salida se satura, haciendo que V_{oA} tenga, específicamente, $+V_{cc}$ o $-V_{cc}$, el valor indefinido solo puede estar entre esos valores, ya que si V_{oA} fuese mayor que V_{cc} o menor que $-V_{cc}$, estaríamos en los casos de saturación.

Continuemos con el análisis.

De acuerdo a lo dicho inicialmente, cuando V_{iA} sobrepase este valor, la tensión de salida se saturará a $-V_{cc}$, porque $V_d < 0$, es decir, $V_{iA} > V_{HDsup} \Rightarrow V_{oA} = -V_{cc}$.

Si seguimos aumentando V_{iA}, V_d se hará más negativa, y V_{oA} continuará siendo igual a $-V_{cc}$. Este valor se mantendrá, idealmente, con $V_{iA} \gg 0$ (tendiendo a infinito).

Resumimos y representamos gráficamente este análisis:

$$\begin{cases} V_{iA} \ll 0 \Rightarrow V_{oA} = +V_{cc}, \\ V_{iA} < V_{HA\,sup} \Rightarrow V_{oA} = +V_{cc}, \\ V_{iA} = V_{HA\,sup} \Rightarrow -V_{cc} < V_{oA} < +V_{cc}, \\ V_{iA} > V_{HA\,sup} \Rightarrow V_{oA} = -V_{cc}, \\ V_{iA} \gg 0 \Rightarrow V_{oA} = -V_{cc}, \end{cases}$$

con $V_{HA\,sup} = \left(\dfrac{R_{1A}}{R_{1A} + R_{2A}} \right) V_{cc}.$

Con los valores especificados en el enunciado del problema, tendremos:

$$V_{HAsup} = \left(\frac{R_{1A}}{R_{1A}+R_{2A}}\right)V_{cc} = \left(\frac{4[k\Omega]}{4[k\Omega]+16[k\Omega]}\right)10[V] \Rightarrow \boxed{V_{HAsup} = 2[V]}. \qquad \text{(PAMP. 82)}$$

Razonando de modo análogo, realicemos el análisis en sentido contrario.

Empezando con $V_{iA} \gg 0 \Rightarrow V_d = (V_+ - V_{iA}) \approx -V_{iA} \ll 0$. Como la tensión diferencial es negativa, distinta de cero, tendremos a la salida la tensión saturada $V_{oA} = -V_{cc}$, y, por tanto, analizando el divisor de tensión de la malla o-p-m, tendremos $V_+ = R_{1A}\cdot(-V_{cc})/(R_{1A}+R_{2A}) = V_{HAinf}$.

Conforme vamos disminuyendo V_{iA}, la tensión de salida se mantendrá inalterada $V_{oA} = -V_{cc}$, hasta que $V_d = (V_+ - V_{iA})$ alcance el valor nulo, es decir, $V_+ = V_{HAinf} = V_{iA}$, en cuyo caso (como se explicó anteriormente), $-V_{cc} < V_{oA} < +V_{cc}$.

A continuación, si $V_{iA} < V_{HAinf} \Rightarrow V_d = (V_+ - V_{iA}) = (V_{HAinf} - V_{iA}) > 0$, haciendo que la salida se sature $V_{oA} = V_{cc}$. Para valores menores de V_{iA}, V_d seguirá siendo mayor que 0, manteniéndose saturada la salida $V_{oA} = +V_{cc}$.

Resumiendo:

$$\begin{cases} V_{iA} \gg 0 \Rightarrow V_{oA} = -V_{cc}, \\ V_{iA} > V_{HAinf} \Rightarrow V_{oA} = -V_{cc}, \\ V_{iA} = V_{HAinf} \Rightarrow -V_{cc} < V_{oA} < +V_{cc}, \\ V_{iA} < V_{HAinf} \Rightarrow V_{oA} = +V_{cc}, \\ V_{iA} \ll 0 \Rightarrow V_{oA} = +V_{cc}, \end{cases}$$

con $V_{HAinf} = -\left(\dfrac{R_{1A}}{R_{1A}+R_{2A}}\right)V_{cc}.$

Y, con los valores especificados en el enunciado del problema, tendremos:

$$V_{HAinf} = \left(\frac{R_{1A}}{R_{1A}+R_{2A}}\right)(-V_{cc}) = \left(\frac{4[k\Omega]}{4[k\Omega]+16[k\Omega]}\right)(-10[V]) \Rightarrow$$

$$\Rightarrow \boxed{V_{HAinf} = -2[V] = -V_{HAsup}}. \qquad \text{(PAMP. 83)}$$

Observamos que el comportamiento del AO_A depende de si se aumenta o se disminuye V_{iA}. La diferencia entre V_{HAinf} y V_{HAsup} se denomina **Tensión de Histéresis del Amplificador A**, V_{HA} (o, simplemente, **Histéresis del Amplificador A**):

$$V_{HA} = V_{HAsup} - V_{HAinf} = \left(\frac{R_{1A}}{R_{1A}+R_{2A}}\right)V_{cc} - \left(\frac{R_{1A}}{R_{1A}+R_{2A}}\right)(-V_{cc}) = \frac{2V_{cc}R_{1A}}{R_{1A}+R_{2A}} \Rightarrow$$

$$\Rightarrow \boxed{V_{HA} = \left(\frac{2\cdot10[V]\cdot4[k\Omega]}{4[k\Omega]+16[k\Omega]}\right) = 4[V]}.$$

(PAMP. 84)

Si consideramos las dos curvas, obtenemos la CARACTERÍSTICA DE TRANSFERENCIA DEL COMPARADOR CON HISTÉRESIS de la configuración de la *Fig. A*:

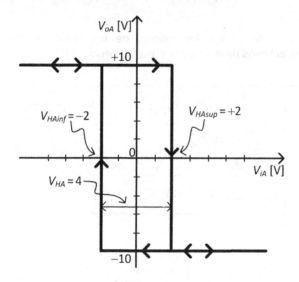

b) ANALIZAMOS EL CIRCUITO DE LA *FIG. B*:

Observamos que la única diferencia con el circuito de la *Fig. A* reside en la tensión V_R (tensión de referencia) conectada al punto m.

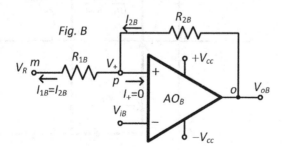

Fig. B

Tendremos nuevamente un comparador con histéresis, pero esta vez con tensión de referencia V_R no nula.

Como el comportamiento de este circuito es completamente análogo al de la *Fig. A*, no lo analizaremos nuevamente; simplemente veremos qué efecto produce la tensión V_R en la curva característica de transferencia del circuito.

Como I_{2B} tiene el sentido de p hacia m, el potencial en p es mayor que en m en un valor $I_{2B}R_{1B}$. Por tanto, $V_+ = V_m + I_{2B}R_{1B} = V_R + I_{2B}R_{1B}$. Hallando I_{2B} de analizar la malla o-p-m, tenemos:

$$V_+ = V_R + I_{2B}R_{1B} = V_R + \left(\frac{V_{oB}-V_R}{R_{1B}+R_{2B}}\right)R_{1B} \Rightarrow V_+ = \frac{V_{oB}R_{1B}+V_R R_{2B}}{R_{1B}+R_{2B}}. \qquad \text{(PAMP. 85)}$$

Como $-V_{cc} \leq V_{oB} \leq V_{cc}$, los valores de las tensiones de histéresis serán, consecuentemente, aquellos para los cuales V_{oB} sea igual a $\pm V_{cc}$:

$$\boxed{V_{HB\,sup} = V_+\big|_{V_{oB}=V_{cc}} = \frac{V_{cc}R_{1B}+V_R R_{2B}}{R_{1B}+R_{2B}} = V_R\left(\frac{R_{2B}}{R_{1B}+R_{2B}}\right)+V_{cc}\left(\frac{R_{1B}}{R_{1B}+R_{2B}}\right)},$$

$$\boxed{V_{HB\,inf} = V_+\big|_{V_{oB}=-V_{cc}} = \frac{-V_{cc}R_{1B}+V_R R_{2B}}{R_{1B}+R_{2B}} = V_R\left(\frac{R_{2B}}{R_{1B}+R_{2B}}\right)-V_{cc}\left(\frac{R_{1B}}{R_{1B}+R_{2B}}\right)}, \qquad \text{(PAMP. 86)}$$

$$\boxed{V_{HB} = V_{HB\,sup} - V_{HB\,inf} = 2V_{cc}\left(\frac{R_{1B}}{R_{1B}+R_{2B}}\right)}.$$

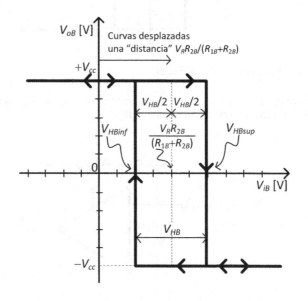

Observamos que la expresión de $V_H = V_{Hsup} - V_{Hinf}$ no ha cambiado (la tensión de histéresis se mantiene). Si analizamos, veremos que el efecto que causa $V_R \neq 0$ es el de desplazar las líneas de transferencia del circuito un valor $V_R R_{2B}/(R_{1B}+R_{2B})$ (hacia valores crecientes de V_{iB} si $V_R>0$ y hacia valores decrecientes si $V_R<0$):

De acuerdo a los valores dados en el enunciado, calculamos las tensiones correspondientes:

$$V_{HBsup} = \frac{V_{cc}R_{1B}+V_R R_{2B}}{R_{1B}+R_{2B}} = \frac{10[V]4[k\Omega]+2[V]16[k\Omega]}{4[k\Omega]+16[k\Omega]} \Rightarrow \boxed{V_{HBsup} = 3,6[V]},$$

$$V_{HBinf} = \frac{-V_{cc}R_{1B}+V_R R_{2B}}{R_{1B}+R_{2B}} = \frac{-10[V]4[k\Omega]+2[V]16[k\Omega]}{4[k\Omega]+16[k\Omega]} \Rightarrow \boxed{V_{HBinf} = -0,4[V]}, \qquad \text{(PAMP. 87)}$$

$$V_{HB} = V_{HBsup} - V_{HBinf} = 3,6[V]-(-0,4[V]) \Rightarrow \boxed{V_{HB} = 4[V]}.$$

Y representamos la característica de transferencia:

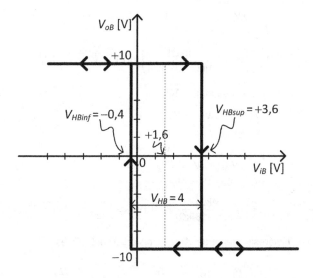

Resumen PAMP. 10.

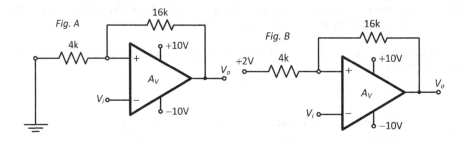

SE PIDE:

Obtener y dibujar la característica de transferencia (tensión de salida en función de la tensión de entrada) para ambos circuitos.

CARACTERÍSTICA DE TRANSFERENCIA DEL CIRCUITO DE LA FIG. A:

$$\begin{cases} V_{iA} \ll 0 \Rightarrow V_{oA} = +V_{cc}, \\ V_{iA} < V_{HA\,sup} \Rightarrow V_{oA} = +V_{cc}, \\ V_{iA} = V_{HA\,sup} \Rightarrow -V_{cc} < V_{oA} < +V_{cc}, \\ V_{iA} > V_{HA\,sup} \Rightarrow V_{oA} = -V_{cc}, \\ V_{iA} \gg 0 \Rightarrow V_{oA} = -V_{cc}, \end{cases}$$

(PAMP. 80)
a
(PAMP. 82)

$$\text{con } V_{HA\,sup} = \left(\frac{R_{1A}}{R_{1A} + R_{2A}} \right) V_{cc} = \left(\frac{4\,[\text{k}\Omega]}{4\,[\text{k}\Omega] + 16[\text{k}\Omega]} \right) 10[\text{V}] \Rightarrow \boxed{V_{HA\,sup} = 2[\text{V}]}.$$

V_{HAsup} es la tensión de histéresis superior del AO_A.

$$\begin{cases} V_{iA} \gg 0 \Rightarrow V_{oA} = -V_{cc}, \\ V_{iA} > V_{HA\,inf} \Rightarrow V_{oA} = -V_{cc}, \\ V_{iA} = V_{HA\,inf} \Rightarrow -V_{cc} < V_{oA} < +V_{cc}, \\ V_{iA} < V_{HA\,inf} \Rightarrow V_{oA} = +V_{cc}, \\ V_{iA} \ll 0 \Rightarrow V_{oA} = +V_{cc}, \end{cases}$$

(PAMP. 83)

$$\text{con } V_{HA\,inf} = -\left(\frac{R_{1A}}{R_{1A} + R_{2A}} \right) V_{cc} = \left(\frac{4\,[\text{k}\Omega]}{4\,[\text{k}\Omega] + 16[\text{k}\Omega]} \right)(-10[\text{V}]) \Rightarrow \boxed{V_{HA\,inf} = -2[\text{V}] = -V_{HA\,sup}}.$$

V_{HAinf} es la tensión de histéresis inferior del AO_A. La histéresis del AO_A es:

$$V_{HA} = V_{HA\,sup} - V_{HA\,inf} = \left(\frac{R_{1A}}{R_{1A} + R_{2A}} \right) V_{cc} - \left(\frac{R_{1A}}{R_{1A} + R_{2A}} \right)(-V_{cc}) = \frac{2V_{cc}R_{1A}}{R_{1A} + R_{2A}} \Rightarrow$$

(PAMP. 84)

$$\Rightarrow \boxed{V_{HA} = \left(\frac{2 \cdot 10[\text{V}] \cdot 4[\text{k}\Omega]}{4\,[\text{k}\Omega] + 16[\text{k}\Omega]} \right) = 4[\text{V}]}.$$

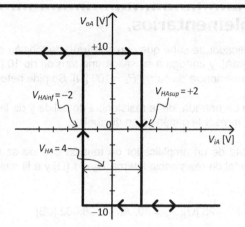

CARACTERÍSTICA DE TRANSFERENCIA DEL CIRCUITO DE LA FIG. B:

V_{HBsup}, V_{HBinf} y V_{HB} son las correspondientes tensiones de histéresis del AO_B.

$$\boxed{V_{HB\,sup} = V_+ \big|_{V_{oB}=V_{cc}} = \frac{V_{cc}R_{1B} + V_R R_{2B}}{R_{1B} + R_{2B}} = V_R\left(\frac{R_{2B}}{R_{1B} + R_{2B}}\right) + V_{cc}\left(\frac{R_{1B}}{R_{1B} + R_{2B}}\right),}$$

$$\boxed{V_{HB\,inf} = V_+ \big|_{V_{oB}=-V_{cc}} = \frac{-V_{cc}R_{1B} + V_R R_{2B}}{R_{1B} + R_{2B}} = V_R\left(\frac{R_{2B}}{R_{1B} + R_{2B}}\right) - V_{cc}\left(\frac{R_{1B}}{R_{1B} + R_{2B}}\right),}$$

(PAMP. 86)

$$\boxed{V_{HB} = V_{HB\,sup} - V_{HB\,inf} = 2V_{cc}\left(\frac{R_{1B}}{R_{1B} + R_{2B}}\right).}$$

$$V_{HB\,sup} = \frac{V_{cc}R_{1B} + V_R R_{2B}}{R_{1B} + R_{2B}} = \frac{10[V]\,4[k\Omega] + 2[V]\,16[k\Omega]}{4[k\Omega] + 16[k\Omega]} \Rightarrow \boxed{V_{HB\,sup} = 3,6[V]},$$

$$V_{HB\,inf} = \frac{-V_{cc}R_{1B} + V_R R_{2B}}{R_{1B} + R_{2B}} = \frac{-10[V]\,4[k\Omega] + 2[V]\,16[k\Omega]}{4[k\Omega] + 16[k\Omega]} \Rightarrow \boxed{V_{HB\,inf} = -0,4[V]},$$

(PAMP. 87)

$$V_{HB} = V_{HB\,sup} - V_{HB\,inf} = 3,6[V] - (-0,4[V]) \Rightarrow \boxed{V_{HB} = 4[V]}.$$

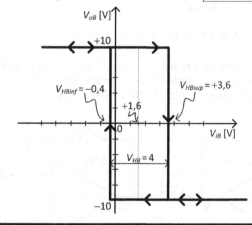

Problemas complementarios.

PAMPCOMPL.1. De un amplificador se sabe que con 100 [mV] de tensión en su entrada absorbe una corriente de 1 [mA], y entrega a su salida una tensión de 10 [V] en circuito abierto y de 8 [V] sobre una resistencia de carga R_L = 100 [Ω]. Se pide determinar:

a) Valor de la resistencia de entrada, de la resistencia de salida y de la ganancia A_V para dicho valor de R_L. Expresar la ganancia en decibelios.

b) Comprobar que se trata de un amplificador de tensión cuando se conecta a su entrada una fuente de señal de resistencia interna R_g = 1 [Ω] y a la salida una carga resistiva de R_L = 1 [kΩ].

RESPUESTAS: a) R_i = 100 [Ω], R_o = 25 [Ω], A_V = 80, A_{VdB} = 38,062 [dB].

PAMPCOMPL.2. Hallar V_o en función de las tensiones de entrada del circuito de la figura.

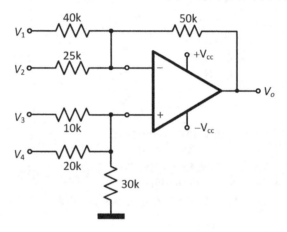

RESPUESTA: $V_o = -1{,}25 \cdot V_1 - 2 \cdot V_2 + 2{,}32 \cdot V_3 + 1{,}16 \cdot V_4$.

PAMPCOMPL.3. Se tiene el siguiente circuito. Si a la entrada del A_{OA} se conecta una tensión $V_{iA}(t)$ = 0,5 sen(2π50t) [V]. Determinar la expresión de $V_{iB}(t)$ para que por R_L circule una $I_L(t)$ = 2 [mA] = constante con sentido de V_{oB} hacia V_{oA}, según se indica.

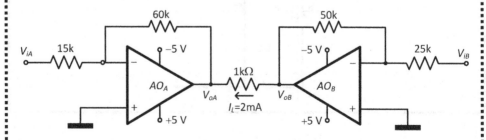

RESPUESTA: V_{iB} = sen(2π50t) − 1.

PAMPCOMPL.4. En el siguiente circuito, determinar $I_L(t)$, sabiendo que $V_{iA}(t) = V_{iB}(t) = $ sen$(2\pi 50t)$ [V].

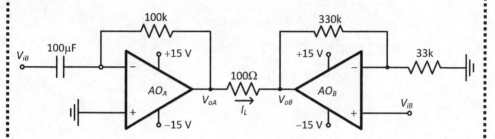

RESPUESTA: $I_L(t) = -10\pi\cos(2\pi 50t) - 0{,}11\,\text{sen}(2\pi 50t)$ [A].

PAMPCOMPL.5. En el siguiente circuito, $V_R = 5$ [V]. Hallar la función de transferencia $V_o = f(V_i)$ y dibujarla.

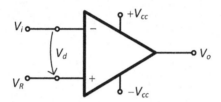

RESPUESTA: $V_o = \begin{cases} -V_{cc} & \text{cuando } V_i > 5[V], \\ \in(-V_{cc},+V_{cc}) & \text{cuando } V_i = 5[V], \\ +V_{cc} & \text{cuando } V_i < 5[V]. \end{cases}$

APÉNDICE

Potencia disipada por una resistencia

Si una corriente $I(t) = I_m \operatorname{sen}(\omega t + \phi_i)$ circula por una resistencia R, la POTENCIA INSTANTÁNEA $p_R(t)$ disipada en dicha resistencia se obtiene aplicando la Ley de Joule (es la misma $I^2 R$ que se aplica en corriente continua, pero adaptada a una corriente variable en el tiempo):

$$p_R(t) = \left[I(t) \right]^2 R = \left[I_m \operatorname{sen}\left(\frac{2\pi}{T} t + \phi_i \right) \right]^2 R. \qquad \text{(Ap. 1)}$$

En corriente alterna, como las corrientes y los voltajes están variando periódicamente en el tiempo, algunas veces resulta más útil hablar de VALORES PROMEDIOS que de valores instantáneos (valores medidos en el instante t). Las funciones se repiten en cada período T, de modo que los valores promedios se calculan en ese lapso (es decir, entre $t = 0$ y $t = T$), ya que eso es suficiente para saber cómo serán los promedios en los períodos posteriores. Bajo esta perspectiva, podemos calcular la potencia promedio disipada por la resistencia R. Para ello primero debemos definir el concepto de valor promedio (en el tiempo) de una función periódica.

Valor promedio (en el tiempo) de una función

Para aclarar la idea de la fórmula utilizada para calcular el valor promedio, empecemos con un ejemplo sencillo. Supongamos que tenemos N tablones ($N = 30$, por ejemplo, si queremos especificar un valor), cada uno con la misma anchura Δa (por ejemplo 0,1 metros) y grosor, pero de distintas longitudes, y deseamos hallar la longitud promedio. Los disponemos en vertical, uno a continuación del otro, como lo indica la *FIGURA_AP. 1* (arriba) de la siguiente página. Cada uno poseerá una altura (longitud) dada en metros: h_1 metros, h_2 metros, etcétera, hasta h_N.

Para hallar el promedio de las alturas h_{prom}, sumamos cada una de ellas y dividimos esa suma por el número de tablones (esa es la definición de valor promedio):

$$h_{prom} = \frac{h_1 + h_2 + h_3 + ... + h_N}{N} = \frac{\sum_{n=1}^{N} h_n}{N} \quad \text{[metros].} \qquad \text{(Ap. 2)}$$

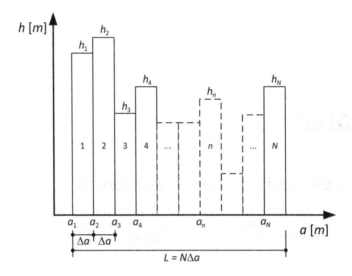

Caso límite:
$\Delta a \to 0$
$N \to \infty$
(Manteniendo L = constante)

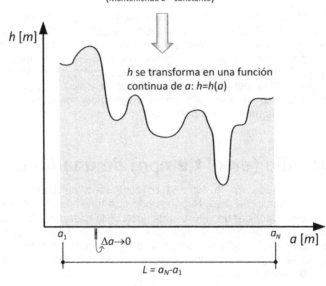

h se transforma en una función continua de a: $h = h(a)$

FIGURA_AP. 1

Ahora proponemos un truco: multiplicar y dividir la ecuación anterior por Δa (esto no cambiará el resultado):

$$h_{prom} = \frac{\Delta a \sum_{n=1}^{N} h_n}{\Delta aN} = \frac{\sum_{n=1}^{N} h_n \Delta a}{N \Delta a} = \frac{h_1 \Delta a + h_2 \Delta a + h_3 \Delta a + \ldots + h_N \Delta a}{N \Delta a} = \frac{A}{L} \quad [m], \tag{Ap. 3}$$

en donde hemos introducido Δa dentro de la suma porque era factor común (propiedad de distributividad de la multiplicación respecto de la suma).

Aplicando ese "truco" observamos que el cálculo de la altura promedio es equivalente a obtener el área total A de los tablones (suma del área del primer tablón $h_1 \Delta a$, más el área del segundo tablón $h_2 \Delta a$, más el tercero $h_3 \Delta a$, etcétera) y dividirlo por la longitud total $L = N \Delta a$ de las anchuras.

Bien, ¿qué pasa si los tablones se hacen más y más estrechos ($\Delta a \to 0$, la anchura de cada uno tiende a cero), y su número aumenta indefinidamente ($N \to \infty$), de manera que L se mantiene constante? Que las alturas h_n se transforman en una función continua de a, es decir, $h_n \to h(a)$, y por lo tanto podemos convertir la suma en una integral:

$$h_{prom} = \lim_{\substack{N \to \infty \\ \Delta a \to 0}} \frac{\sum_{n=1}^{N} h_n \Delta a}{N \Delta a} = \frac{\lim_{\substack{N \to \infty \\ \Delta a \to 0}} \sum_{n=1}^{N} h_n \Delta a}{L} = \frac{\int_{a_1}^{a_N} h(a)\,da}{L} =$$

$$= \frac{1}{a_N - a_1} \int_{a_1}^{a_N} h(a)\,da \quad [metros], \tag{Ap. 4}$$

es decir que la altura promedio se transforma en la integral definida de $h(a)$ entre los extremos a_1 y a_N, dividida por la longitud[29] $L = a_N - a_1$. Aquí se observa perfectamente que la integral definida es una suma (de hecho, el símbolo de la S alargada, $\int$, se ha inventado para recordar que la integral es una suma).

La ecuación representa la definición de valor promedio de una función. Por ejemplo, si tenemos una función f que varía con el tiempo t, y queremos hallar el promedio temporal entre los instantes t_a y t_b, simplemente cambiamos las variables, pero el significado será el mismo:

$$f_{prom} = \text{Promedio temporal de } f(t) = \frac{1}{t_b - t_a} \int_{t_a}^{t_b} f(t)\,dt. \tag{Ap. 5}$$

---

[29] Si se observa la FIGURA_AP. 1, se verá que en realidad $L = (a_N + \Delta a) - a_1$, pero como $\Delta a \to 0$, entonces la expresión $L = a_N - a_1$ es correcta en la ecuación (Ap.4).

En el caso del promedio de una función periódica $f(t)$ de período T, el promedio se halla entre $t_a = 0$ y $t_b = T$, es decir:

$$f_{prom} = \frac{1}{T} \int_0^T f(t)\, dt. \qquad \text{(Ap. 6)}$$

CONCLUSIÓN: para hallar el valor medio de una función periódica $f(t)$ de período T, hay que integrar dicha función entre 0 y T y dividir esa integral por el período T. Si recordamos la interpretación geométrica de la integral, diríamos entonces que para hallar el promedio de la función $f(t)$ hay que hallar el área bajo esta curva y dividir esa área por el período T (como en el ejemplo de los tablones), o sea:

$$f_{prom} = \frac{1}{T} \cdot \left[\text{Área bajo la curva } f(t) \text{ entre 0 y } T \right]. \qquad \text{(Ap. 7)}$$

Si tenemos, por ejemplo, una corriente $I(t)$ que varía en el tiempo periódicamente, su valor promedio sería:

$$I_{prom} = I_{dc} = \frac{1}{T} \int_0^T I(t)\, dt, \qquad \text{(Ap. 8)}$$

en donde el subíndice "dc" –muy utilizado en la nomenclatura de los libros de electricidad y electrónica– significa *direct current* ("corriente continua" en inglés), y que indica simplemente que I_{prom} es la "componente de continua de la corriente $I(t)$". Lamentablemente, para entender el término "componente de continua" con más claridad, deberíamos realizar un análisis matemático basado en composición de funciones (y, siendo más rigurosos, utilizando una herramienta denominada "Análisis de Fourier"), algo que está fuera del alcance de este libro. Para nosotros será suficiente con decir que "valor medio", "valor promedio" y "componente de continua" son sinónimos.

Veamos un valor importante: ¿CUÁL ES EL VALOR MEDIO DE UNA CORRIENTE SINUSOIDAL?

Tenemos dos formas de hallar el valor promedio de $I(t) = I_m \text{sen}(\omega t + \varphi_I)$: una –intuitiva– geométrica y la otra –más complicada– analítica.

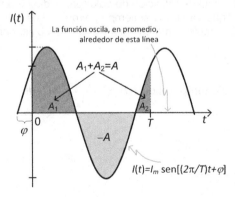

FIGURA_AP. 2

Con el método intuitivo obtenemos rápidamente la respuesta: la corriente sinusoidal es simétrica respecto del eje de abscisas, es decir, el área sobre el eje horizontal es igual al área bajo el eje horizontal (ver *FIGURA_AP.2*), y como esta última se considera negativa, tenemos, considerando que T es un número distinto de cero:

$$I_{dc} = \frac{1}{T} \cdot \left\{ \begin{array}{c} \left[\text{Área positiva de la sinusoide } I(t) \right] \\ + \\ \left[\text{Área negativa de la sinusoide } I(t) \right] \end{array} \right\} = \frac{1}{T} \left[A + (-A) \right] = \frac{0}{T} = 0. \qquad \text{(Ap. 9)}$$

Como consecuencia de esto, ahora sabemos que todas las funciones, cuyas curvas sean simétricas respecto del eje horizontal, tendrán valor medio nulo.

Apliquemos ahora el método analítico. Tengamos en cuenta, primero, que $\omega = 2\pi/T$, segundo, que $\int \text{sen}(\omega t)dt = -[\cos(\omega t)]/\omega$, y, tercero, que $\cos(2\pi + \phi_i) = \cos(\phi_i)$. Entonces:

$$I_{dc} = \frac{1}{T} \int_0^T I_m \text{sen}\left(\omega t + \phi_i \right) dt = \frac{I_m}{T} \int_0^T \text{sen}\left(\frac{2\pi}{T} t + \phi_i \right) dt = \left(\frac{I_m}{T} \right) \left[-\frac{\cos\left(\frac{2\pi}{T} t + \phi_i \right)}{\frac{2\pi}{T}} \right]_0^T =$$

$$= \left(\frac{I_m \cancel{T}}{\cancel{T} 2\pi} \right) \left[-\cos\left(\frac{2\pi}{T} T + \phi_i \right) + \cos\left(\frac{2\pi}{T} \cdot 0 + \phi_i \right) \right] \Rightarrow$$

$$\Rightarrow I_{dc} = \left(\frac{I_m}{2\pi} \right) \left[\cos(\phi_i) - \cos(2\pi + \phi_i) \right] = \left(\frac{I_m}{2\pi} \right) \cdot 0 = 0. \qquad \text{(Ap. 10)}$$

Vemos que el método analítico es ligeramente más difícil, pero es el que se utiliza para convencer a quienes requieren más rigurosidad en las demostraciones.

El valor promedio representa, básicamente, la línea media de "subidas y bajadas" de la función a través del tiempo. La sinusoide oscila (sube y baja) teniendo como línea media el eje de las abscisas.

Valor promedio de la potencia disipada por una resistencia

Aplicando la definición anterior, queremos hallar el valor promedio de la potencia consumida por la resistencia. Entonces, tenemos que integrar la potencia instantánea $p_R(t)$ = $i^2(t)R$ en un período T. En la ecuación anterior, simplemente reemplazamos $f(t)$ por $p_R(t)$:

$$p_{Rprom} = P_R = \frac{1}{T}\int_0^T p_R(t)\,dt = \frac{1}{T}\int_0^T \left\{[I(t)]^2 R\right\}dt = R\left\{\frac{1}{T}\int_0^T [I(t)]^2\,dt\right\}.$$
(Ap. 11)

Como R es constante, la hemos extraído fuera de la integral. El resultado de esta ecuación NO depende del instante t, es un número que no varía con el tiempo: el promedio de $p_R(t)$ en el intervalo de $t = 0$ a $t = T$.

Para comparar esta ecuación con la I^2R que se utiliza en corriente continua, llamamos a lo que está entre corchetes corriente eficaz al cuadrado $(I_{ef})^2$:

$$p_{Rprom} = P_R = R\underbrace{\left\{\frac{1}{T}\int_0^T [I(t)]^2\,dt\right\}}_{=I_{ef}^2} \Rightarrow p_{Rprom} = \boxed{P_R = I_{ef}^2 R}.$$
(Ap. 12)

Aquí se observa perfectamente que la corriente eficaz es la corriente que, elevada al cuadrado y multiplicada por R, DA EL VALOR DE LA POTENCIA PROMEDIO disipada por la resistencia R[30]. El valor $(I_{ef})^2$ es simplemente el promedio de $[I(t)]^2$.

Hallemos el valor eficaz de una corriente sinusoidal. Para ello, haciendo $I(t)$ igual a I_m sen$(\omega t+\phi_I)$, resolveremos la siguiente integral:

$$I_{ef}^2 = \frac{1}{T}\int_0^T \left[I_m \text{sen}\left(\frac{2\pi}{T}t + \phi_I\right)\right]^2 dt = \frac{1}{T}\int_0^T I_m^2 \text{sen}^2\left(\frac{2\pi}{T}t + \phi_I\right)dt.$$
(Ap. 13)

Es decir, para hallar $(I_{ef})^2$, hay que calcular el área bajo la curva $I_m^2\text{sen}^2(2\pi t/T+\phi_I)$ y luego dividir esa área por T.

$$I_{ef}^2 = \frac{1}{T}\cdot\left\{\text{Área bajo la curva }\left[I_m\text{sen}\left(\omega t + \phi_I\right)\right]^2 \text{ entre 0 y } T\right\}.$$
(Ap. 14)

Esta integral se puede resolver teniendo en cuenta que sen$^2(A) = \frac{1}{2}[1 - \cos(2A)]$. De esta manera, haciendo $A = \omega t+\phi_I$, vemos que sen$^2(\omega t+\phi_I) = \frac{1}{2}\{1 - \cos[2(\omega t+\phi_I)]\}$, por lo tanto:

---

[30] Podemos dar una idea conceptual más clara. Si por R pasa una corriente continua I_{cc} = constante (donde el subíndice cc indica "corriente continua"), entonces $P_{Rcc} = (I_{cc})^2 R$. Si por R pasa una corriente alterna $I(t)$, entonces $P_{Rca} = (I_{ef})^2 R$. Queremos ahora que la potencia promedio disipada por la corriente alterna en R sea igual a potencia disipada por la corriente continua. Entonces hacemos $P_{Rca} = P_{Rcc}$ lo cual implica $(I_{ef})^2 R = (I_{cc})^2 R \Rightarrow I_{ef} = I_{cc}$. EN PALABRAS: para que la potencia disipada en una resistencia R por una corriente alterna $I(t)$ sea numéricamente igual a la potencia disipada por una corriente continua I_{cc}, la corriente eficaz I_{ef} tiene que tener el mismo valor que la I_{cc}.

$$I_{ef}^2 = \frac{I_m^2}{T} \int_0^T \text{sen}^2\left(\omega t + \phi_i\right) dt = \frac{I_m^2}{T} \int_0^T \tfrac{1}{2}\left\{1 - \cos\left[2\left(\omega t + \phi_i\right)\right]\right\} dt =$$

$$\frac{I_m^2}{2T}\left\{\int_0^T dt - \int_0^T \cos\left[2\left(\omega t + \phi_i\right)\right] dt\right\} = \frac{I_m^2}{2T} \int_0^T dt - \frac{I_m^2}{2T} \int_0^T \cos\left[2\left(\omega t + \phi_i\right)\right] dt =$$

$$= \frac{I_m^2}{2T} \underbrace{\int_0^T dt}_{=T} - \frac{I_m^2}{2T} \underbrace{\int_0^T \cos\left[2\left(\frac{2\pi}{T}t + \phi_i\right)\right] dt}_{=0} = \frac{I_m^2}{2\cancel{T}}\cancel{T} \Rightarrow$$

$$\Rightarrow I_{ef}^2 = \frac{I_m^2}{2} \Rightarrow I_{ef} = \sqrt{\frac{I_m^2}{2}} = \frac{\sqrt{I_m^2}}{\sqrt{2}} = \frac{I_m}{\sqrt{2}} \rightarrow \boxed{I_{ef} = \frac{I_m}{\sqrt{2}}}.$$

Finalmente:

$$\boxed{P_R = I_{ef}^2 R = \left(I_m / \sqrt{2}\right)^2 R = \left(I_m^2 / 2\right) R}.$$

Aquí también es aplicable un método gráfico para resolver la integral de modo intuitivo. Es fácil deducir que si $I(t) = I_m\text{sen}(\omega t + \phi_i)$ oscila entre los valores I_m y $-I_m$, entonces $[I(t)]^2 = [I_m\text{sen}(\omega t + \phi_i)]^2$ oscilará entre 0 e $(I_m)^2$, por lo que el valor medio de $[I(t)]^2$, que es el valor de la corriente eficaz al cuadrado, es $I_m^2/2$ (ver *FIGURA_AP.3*). De ahí que $I_{ef} = I_m/\sqrt{2}$.

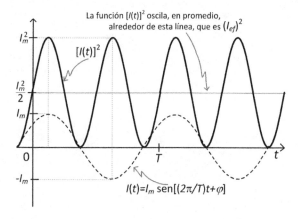

FIGURA_AP. 3

ÍNDICE ALFABÉTICO

R

T

V

Made in the USA
Monee, IL
17 October 2024

67366980R00103